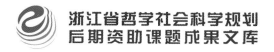浙江省哲学社会科学规划
后期资助课题成果文库

多阶段语言信息集结方法及应用研究

Duojieduan Yuyan Xinxi Jijie Fangfa Ji Yingyong Yanjiu

郝晶晶 刘远 著

中国社会科学出版社

图书在版编目(CIP)数据

多阶段语言信息集结方法及应用研究／郝晶晶，刘远著．—北京：中国社会
科学出版社，2019.3

（浙江省哲学社会科学规划后期资助课题成果文库）

ISBN 978-7-5203-3785-4

Ⅰ．①多…　Ⅱ．①郝…②刘…　Ⅲ．①语言信息处理学-研究　Ⅳ．①TP391

中国版本图书馆 CIP 数据核字（2018）第 295104 号

出 版 人　赵剑英
责任编辑　宫京蕾
责任校对　秦　婵
责任印制　李寡寡

出　　　版　中国社会科学出版社
社　　　址　北京鼓楼西大街甲 158 号
邮　　　编　100720
网　　　址　http：//www.csspw.cn
发 行 部　010-84083685
门 市 部　010-84029450
经　　　销　新华书店及其他书店

印刷装订　北京君升印刷有限公司
版　　　次　2019 年 3 月第 1 版
印　　　次　2019 年 3 月第 1 次印刷

开　　　本　710×1000　1/16
印　　　张　12
插　　　页　2
字　　　数　200 千字
定　　　价　58.00 元

前　　言

　　多阶段决策是静态决策工作在时间维度的拓展和延伸，主要面向时间跨度较长或阶段特征较为明显的决策问题，例如工程项目建设、五年规划经济发展效果、风险投资项目评价等。由于决策环境的多样性、决策对象的复杂性和决策主体的有限理性，评价方案的绩效，尤其是在定性指标下的表现，往往难以用准确数值进行描述。语言信息能够较好地反映出决策者的思维习惯和逻辑判断，已经广泛地应用到很多决策问题之中。多阶段决策问题通常时间跨度较长，可能包含多源多类别的异构信息，且这些多源异构信息间必然存在一定的联系和差异。现有多阶段多源异构语言信息集结研究尚处于探索阶段，没有形成成熟的理论体系，无法满足实际工作的迫切需求。

　　本书针对语言信息决策和多阶段决策问题的交叉领域，研究多阶段语言信息的集结方法，为语言信息下的多阶段决策工作提供理论依据和技术支持。根据从简单至复杂的进度安排，分别针对主观阶段偏好下的决策信息挖掘、多阶段风险偏好变化、双重异构语言信息联动、群体意见交互修正、大规模群体决策等情形，设计多阶段语言信息的集结方法，通过测算阶段权重等关键参数，集结备选方案在各阶段下的表现，以全评价周期的视角衡量方案的综合表现，进而实现方案的优选排序。理论研究之后，结合浙江省、上海市和南京市社会信用体系的多阶段评价工作，对上述关键模型及方法进行验证，为浙江省提升社会信用体系建设提供理论依据。

　　本书共分 8 章，按照由浅入深、由易至难的研究思路，针对不同情形下语言信息多阶段集结问题安排相关章节。

　　第一章介绍语言信息下多阶段决策问题的内涵和应用背景，评述现有研究的主要成果和可能存在的不足，针对若干常见情形下的语言信息多阶段问题，由浅入深地展开本书研究思路。

第二章研究了一类不确定语言信息下多阶段决策问题，在综合考虑各阶段下决策信息特征和主观时序偏好的基础上，设计一类基于 TOPSIS 分析思路的多阶段语言决策信息集结方法。

第三章基于前景理论的思想研究多阶段随机多准则决策中的信息集结问题，参照发展速度的思想，设计一种多阶段动态参考点的设置方法及其在多阶段决策领域的应用。

第四章面向双重结构语言信息共同存在下的多阶段决策问题，设计一类针对双重结构语言信息的融合方法，对备选方案的动态综合绩效和专家偏好信息进行集结，实现方案的选优决策。

第五章针对双重信息下的多阶段群体决策问题，测算各阶段下专家群体偏好与综合偏好矩阵之间的累积偏差量，分析其与阶段权重之间的关联关系，并通过阶段权重集结各阶段下方案的综合偏好矩阵。

第六章研究了语言信息下大规模群决策问题，以综合相似关系表征双重信息下的专家相似关系并进行编网聚类分析，依据群体双重信息融合度设置阶段权重，集结各阶段群体信息。

第七章搜集"十二五"期间上海市、江苏省和浙江省在社会信用体系建设的相关成就，分别在决策依据信息和双重信息等情形下评估各地社会信用体系的建设效果，并有针对性地形成提升浙江省社会信用体系建设效果的对策和建议。

第八章对全文进行总结，并对本领域未来研究方向进行展望。

本书由浙江师范大学经管学院的郝晶晶博士负责总纂和编著，她为本书的编写设计了总体思路并撰写了后续章节。在本书的策划与编写过程中，编者一方面总结自身多年科研实践的经验，另一方面广泛吸收近年来出版的相关教材、高水平科研论文中许多有益的内容。感谢文中所引用文献的各位著、编、译者，你们的研究成果是本书能够完成的基础。

本书的出版先后得到了浙江省哲学社会科学规划后期资助课题（17HQZZ06）、教育部人文社会科学研究青年项目（15YJC630030）、国家自然科学基金项目（71603242）、浙江省自然科学基金青年基金项目（LY17G010006）等项目的资助。在本书的撰写过程中，许多领导、专家和本领域的研究同仁对作者的工作给予了鼎力支持，中国社会科学出版社的领导和编辑更是通力合作。在此，作者表示衷心的感谢。

由于编者水平有限，书中不当之处在所难免。敬请广大读者和同行批评指正。

编　者

2017 年 9 月

目　　录

第一章

语言信息下的多阶段决策问题

第一节 研究背景

决策科学主要研究人的抉择思维和步骤，依据科学的理论和方法，从多个备选方案中选择出一定意义下的"最优"方案，为方案的后续实施提供科学依据①。作为现代管理的核心活动，决策工作是个人、企事业单位和政府机构日常经营和运作过程中的一种必要行为，几乎贯穿了整个管理活动，直接关系着管理工作效果。自从 20 世纪 50 年代以来，随着社会化大生产和科学技术的迅猛发展，科学决策逐渐取代传统的经验决策，在世界政治、军事、经济和科学技术等领域发展中起到举足轻重的作用。在市场竞争日益激烈的现代社会，社会活动日益复杂，环境条件变化多端，影响因素千头万绪，组织规模日趋庞大。上述因素所造成的复杂度对决策工作提出了新的挑战，是制约现代管理活动顺利开展的瓶颈和短板。分析国内外诸多事例不难发现，无论是大型工程项目建设（如阿斯旺水坝工程、运十飞机项目）、军事行动（如朝鲜战争、诺曼底登陆）还是市场开拓（如石英手表推广、Android 手机系统研发），决策活动的成功与否直接关系着个人的成败得失、组织的生死存亡乃至国家的兴衰荣辱。虽然决策结果通常不可能完全符合预期要求，但是尽可能减少决策偏差既是决策科学研究的效果和价值，也是衡量管理者水平高低的重要因素之一。

由于各种主客观原因，评价方案的实际表现通常难以获得精确的评估信息，越来越多的决策问题中包含着众多不确定信息。随着决策科学的快速发展和现实决策工作的需要，区间数、模糊数、灰数和语言信息下的不

---

① 汪应洛：《系统工程理论、方法与应用》，高等教育出版社 1997 年版。

确定决策问题受到国内外学者的广泛关注。其中，语言信息更为贴合人类的思维习惯，表现形式简单，操作处理比较灵活，已经广泛应用于当今很多决策问题之中。需要说明的是，本书涉及的语言专指人类日常使用的自然语言，是人类交流和思维的主要工具。而语言信息是从自然语言中提炼出的表达术语，如非常重要、较好、一般、较弱、非常差等。

现如今，一些较为复杂的决策问题，例如大型工程项目建设评估、区域经济"十二五"发展评价、供应商绩效考核等，时间跨度较长，决策对象的表现呈现出较强的动态演化特性，不可能仅凭借单一时期的决策行为而获得全面、科学的评价结果。因此，研究多阶段语言信息下的决策问题，剖析方案在不同阶段间的变化特点，设计多阶段语言信息的动态集结方法以确定备选方案的总体绩效，是当今决策科学中值得深入探讨的一个重要领域。

一　实际决策问题往往包含着大量语言信息，语言变量的处理方法尚不成熟

由于决策对象的复杂性、决策环境的不确定性以及决策者思维的有限理性，客观事物的特征及其变化有时无法直接用实数进行准确描述。在实际决策问题中，决策者针对某些定性指标（如候选人的综合素质、武器装备性能、供应商合作关系等）进行评估时，往往会直接给出定性的评估信息（如差、中、良、优等自然语言形式）。这样一来，实际决策问题（如绩效考核、风险投资、系统性能评估、拍卖活动、供应链管理、医疗诊断等）充斥着大量语言信息，即以确定或不确定语言变量的形式描述决策者的主观意见。虽然语言信息能够很好地模拟与贴近决策者的思维和判断逻辑，但在信息集结和运算过程中可能出现信息丢失和扭曲等问题。现有语言计算模型较难体现语言信息的模糊性和不确定性，语言信息决策工作面临着新的难题和考验。

二　复杂决策问题通常呈现出动态演化特性，多阶段评价研究亟须加强

为了提高决策工作的科学性和准确性，许多复杂评价问题需要经过长期、多轮的动态评价过程，即对传统静态决策过程在时间维度上进行有效的推广和拓展。多阶段决策问题需要综合考虑各阶段的评价信息，并结合

行为科学、心理学、系统科学等理论对多阶段信息进行科学集结，进而得到合理的全阶段（周期）评价结果。然而，各阶段的评价信息之间往往存在复杂的关联关系，决策者的风险态度对决策结果也存在显著影响。相对于静态决策问题而言，多阶段决策问题存在更多的不确定性和风险性，动态决策研究亟须加强。

三　多阶段决策问题中充斥大量的多源异构信息，信息联动及动态集结方法有待突破

由于信息来源渠道的多样性，一些复杂决策问题中通常存在着大量的多源异构信息，在表现形式、内在含义和处理方法上均存在较大的差异。此处的异构主要表示语言信息呈现方式的结构化差异。例如，对于包含 m 个评价方案和 n 个评价指标的决策问题，语言信息既形成 $m \times m$ 的判断矩阵，也可以呈现出 $m \times n$ 的评价矩阵。依据评价信息的特点和意义，评价信息主要可以分为两类：一类是决策专家在主观上对事物整体表现优劣做出的两两比较与评价结论，另一类则反映决策者进行主观决策判断的背景依据信息。上述两类信息之间既存在一定关联性，又存在结构形式的不一致性。在多阶段决策问题中，双重信息的关联性表现得更为复杂和多样。由于不同阶段的评价重点可能存在差异，决策专家给出的决策信息在结构、内涵、表现形式等方面可能出现一定的冲突。本着信息全面利用的原理，需要对不同渠道、不同类型的多源语言信息进行有效整合和合理集结，进而反映备选方案的整体绩效。由于各阶段下多源语言信息之间通常存在复杂的信息继承和派生关系，多源异构语言信息的融合及动态集结方法面临较大挑战，这也是开展多阶段科学决策的一个重要方向。

四　信息时代下群体决策问题较为普遍，多阶段情形下群体信息集结问题难度激增

群体决策是一种集思广益、提高决策科学性的常用决策方法。特别是随着信息技术的发展和因特网的日益普及，群体决策的范围和效率得到了拓展和提升，已经广泛应用于日常决策工作之中。评价信息的集结工作是指将不同纬度或不同主体的评价信息进行合理的凝集和归并，使之能够反映评价对象整体表现。多阶段群体决策问题面对群体意见的静态协调和动态演化，其中属性权重、专家权重、阶段权重、信息偏好等变量均是影响

决策结果的关键因素。随着群体规模的扩大和信息渠道的增多，多主体、多元异构信息的动态交互以及动态大规模群体决策对多阶段群体决策问题提出新的挑战，研究的难度增加。由此衍生出的新问题（如多阶段下群体决策冲突协调、群体决策一致性的动态修正、多阶段群体聚类形成的异质团队决策等），目前尚缺乏成熟的解决方案。

第二节　研究目的及意义

本书结合多阶段决策问题的实际特征，研究多阶段语言信息的动态集结方法；分别针对主观阶段偏好已知下的决策信息挖掘、决策风险动态变化下的风险决策、双重异构语言信息联动、群体意见交互修正、大规模群体决策等情形下语言信息多阶段决策问题，分析其具体特征，以全评价周期的视角有效测算备选方案的动态表现，通过测算方案的整体绩效进而实现优选决策，完善不确定信息下多阶段决策理论和方法，为语言信息下多阶段决策的实际工作提供强有力的理论支持。

鉴于上述研究背景和目的，本书的研究意义主要集中在以下四个方面：

（1）探索语言信息下多阶段决策新理论，有利于语言信息决策理论在时间维度上实现动态拓展；

（2）设计不同情形下多阶段语言信息集结方法，有利于以全评价周期的视角分析经典的决策问题；

（3）分析双重异构语言信息交互作用机理，有利于剖析多元语言信息对决策结果的影响效果；

（4）建立多阶段语言信息集结流程，有利于为不同情形下的语言信息多阶段决策问题提供切实有效的分析思路和解决方案。

第三节　相关理论及研究综述

语言信息下的决策问题已经受到国内外广大学者的普遍关注，有较丰富的研究成果。实际决策问题往往涉及多个阶段，体现多阶段动态特征。动态决策过程累积了多个阶段的评价信息，不能依靠单阶段信息进行简单处理，需要结合多个阶段的决策信息以其综合衡量方案的动态绩效。动态多阶段决策信息的集结问题，已越来越被国内外专家学者所重视，是一个重要的研究领域。相关理论综述主要有以下几个方面：

一　语言变量信息研究

作为一类表征不确定信息的有效方法，语言变量已经成为专家评价的主要手段。国内外学者对各类语言标度形式及其处理方式进行了大量的研究，取得丰富成果。

扎德（Zadeh）于 1975 年提出了语言变量的概念，认为变量值可以由自然或人工语言中的词语或句子组成，并将语言变量定义为一个五元组 $(X, T(X), U, G, M)$ [1]，为语言变量的构成提供了一个清晰的框架。许多学者围绕着此框架做了大量的研究。埃雷拉（Herrera）和埃雷拉·别德玛（Herrera-Viedma）提出了语言决策框架的三个步骤，包括设计语言术语及其语义、选择语言信息集结算子和选择最优方案 [2]。在语言术语标度方面，文献［4］设计了一种下标为非负整数、术语个数为奇数的语言标度；徐泽水提出了一种新型的语言变量形式，其语言变量下标以零为中心对称，在一定程度上保证直接利用语言变量基本运算的科学性和合理性 [3]。以上两种语言变量为加性语言标度，且下标为均匀的，即任意相邻两个标度之间的距离相同。为了满足实际决策问题的需求，徐泽水又提出了非均匀积性语言标度 [4][5]。戴跃强等对几种常见的非均匀数值语言标度进行比较后，证明 10/10—18/2 标度的性能最好 [6]。非均匀语言标度是语言标度表现形式的有力补充，然而其现实意义如何体现仍是待研究的主要内容。考虑语言变量自身存在的犹豫模糊特性，罗德里格斯（Rodrguez）等提出了犹豫模糊语言集 [7] 用

---

① Zadeh L A. The concept of a linguistic variable and its application to approximate reasoning. Information Sciences，1975，8（3）.

② Herrera F，Herrera-Viedma E. Linguistic decision analysis：Steps for solving decision problems under linguisitic information. Fuzzy Sets and Systems，115：67—82，2000.

③ 徐泽水：《不确定多属性决策方法及应用》，清华大学出版社 2004 年版.

④ Xu Z S. EOWA and EOWG operators for aggregating linguistic labels based on linguistic preference relations. International Journal of Uncertainty，Fuzziness and Knowledge-Based Systems，2004，12（6）.

⑤ Xu Z S. Interactive group decision making procedure based on uncertain multiplicative linguistic preference relations. Technical Report，2006.

⑥ 戴跃强、徐泽水、李琰、达庆利：《语言信息评估新标度及其应用》，《中国管理科学》2008 年第 16 期.

⑦ Rodríguez RM，Martínez L，Herrera F. Hesitant fuzzy linguistic term sets for decision making. IEEE Transactions on Fuzzy Systems，2012，20（1）.

以表征专家犹豫不决时的评估变量，并将其运用到多属性决策问题中①。总体来说，关于语言评估标度的研究成果较为丰富和成熟，然而由于语言存在固有的模糊性和不确定性，设计更具灵活性和更贴近人类直觉思维的语言标度和句式表征是值得进一步探索的研究方向。

在语言计算模型方面，埃雷拉和马丁内斯（Martinez）将处理具有语言评价信息的决策模型分为三类②：①基于扩展原理的近似计算模型③：该模型将语言变量转化为区间数、三角模糊数、梯形模糊数等形式，再按照各类模糊数的运算规则进行近似计算；②有序语言计算模型④⑤：该模型主要利用 max 和 min 算子、OWA 算子或 round 算子进行近似计算；③二元语义计算模型［11］：该模型使用二元语义表示方式及其运算算子对语言评价信息进行处理。其中类型①需要主观确定隶属函数，且参数较多，有较大的不确定性；类型②在处理过程中易丢失信息，结果存在较大的风险性；类型③能避免信息集结过程中的信息丢失和扭曲，在计算精度和可靠性方面优于前两种类型，然而计算过程较难体现语言的不确定性，且实质上为下标数据的计算。除此之外，徐泽水将离散的语言集推广到连续的语言集合，命名离散语言集为原始语言集，命名连续语言集合为虚拟语言集，并在此基础上提出了语言符号计算模型⑥，该模型计算简便，但较难体现语言变量固有的模糊性质。自李德毅院士提出定性定量信息转化不确定性模型即云模型⑦后，基于

①　Rodríguez RM, Martínez L, Herrera F. A group decision making model dealing with comparative linguistic expressions based on hesitant fuzzy linguistic term sets. Information Sciences, 2013, 241（20）.

②　Herrera F, Martinez L. The 2-tuple linguistic computational model：Advantages of its linguistic description, accuracy and consistency. International Journal of Uncertainty, Fuzziness and Knowledge-Based Systems, 2001（9）.

③　Delgado M, Verdegay J L, Vila M A. A model for linguistic partial information in decision making problem. International Journal of Intelligent Systems, 1994, 9（4）.

④　Yager R R. Fusion of ordinal information using weighted median aggregation, International Journal of Approximate Reasoning, 1998, 18（1-2）.

⑤　Herrera F, Herrera-Viedma E. Aggregation operators for linguistic weighted information. IEEE Transactions on Systems, Man, and Cybernetics, 1997, 27（5）.

⑥　Xu Z S. A method based on linguistic aggregation operators for group decision making with linguistic preference relations. Information Sciences, 2004, 166（1-4）.

⑦　邱凯昌、李德仁、李德毅：《云理论及其在空间数据挖掘和知识发现中的应用》，《中国图像图形学报》1999 年第 4 期。

云模型的语言变量转换方法引起了学者的广泛兴趣①②③。运用云模型 3 个数字特征表达一个概念，即期望 Ex、熵 En 和超熵 He，其中期望是云滴在论域空间分布的期望，熵是定性概念的不确定性度量，超熵是度量熵的不确定性④⑤。利用云模型来对语言变量进行转化，既体现了语言的模糊性，又揭示了其随机性，对语言信息的传递更全面。综上所述，虽然语言计算模型的研究成果众多，但各方法都有一定的不足，如需要确定隶属度函数、涉及主观参数较多、无法体现语言变量的模糊性、丢失信息等。因此，构造体现语义优势及模糊性质的语言计算模型是今后的研究方向之一。

二 基于语言变量信息的决策方法

基于语言变量信息的决策问题中，决策者提供的评估信息种类很多，主要包括语言评价信息和语言偏好信息两类。前者是呈现方案的多个属性表现的多属性语言评价矩阵，后者是关于两两方案综合比较的语言判断矩阵。基于语言评价信息和语言偏好信息的决策方法研究已有较多成果。

基于多属性语言评价信息的决策方法研究主要涉及属性权重的确定方法⑥⑦⑧⑨、TOPSIS（Technique for Order Preference by Similarity to an Ideal Solu-

---

① 王洪利、冯玉强：《基于云模型具有语言评价信息的多属性群决策研究》，《控制与决策》2005 年第 20 期。

② Yang X J, Yan L L, Zeng L. How to handle uncertainties in AHP：The Cloud Delphi hierarchical analysis. Information Sciences，2013，222（10）.

③ 王坚强、杨恶恶：《基于蒙特卡罗模拟的直觉正态云多准则群决策方法》，《系统工程理论与实践》2013 年第 33 期。

④ 李德毅、刘常昱：《不确定性人工智能》，《软件学报》2004 年第 15 期。

⑤ Li D Y, Du Y. Artificial Intelligence with Uncertainty，Chapman & Hall CRC Press，Boca Raton，FL，2007.

⑥ Li D F, Wan S P. Fuzzy linear programming approach to multiattribute decision making with multiple types of attribute values and incomplete weight information. Applied Soft Computing，2013，13（11）.

⑦ Fan Z P, Ma J, Zhang Q. An approach to multiple attribute decision making based on fuzzy preference information on alternatives. Fuzzy Sets and Systems，2002，131（1）.

⑧ Xu X Z. A note on the subjective and objective integrated approach to determine attribute weights. European Journal of Operational Research，2004，156（2）.

⑨ Chou C H, Liang G S, Chang H C. A fuzzy AHP approach based on the concept of possibility extent. Qual Quant，2013，47.

tion）法①②、VIKOR 法③、灰靶决策④⑤⑥⑦、ELECTRE⑧、PROMETHEE⑨、语言集结算子⑩⑪、方案的分类方法⑫⑬等。随着决策者行为理论的发展，考虑决策者心理特征和行为特点的决策问题逐渐引起学者的关注。卡内曼（Kahneman）和特沃斯基（Tversky）于 1979 年提出了前景理论⑭并将其拓展为累积前景理论⑮，为处理不确定性决策问题提供一个新的解决思路。

① Liu S, Chan FTS, Ran WX. Multi-attribute group decision-making with multi-granularity linguistic assessment information: An improved approach based on deviation and TOPSIS. Application Mathematical Modeling, 2013, 37 (24).

② Liu H B, Rodriguez R M. A fuzzy envelope for hesitant fuzzy linguistic term set and its application to multicriteria decision making. Information Sciences, 2014, 258.

③ Liu H C, Liu L, Wu J. Material selection using an interval 2-tuple linguistic VIKOR method considering subjective and objective weights. Materials & Design, 2013, 52.

④ 刘思峰、党耀国、方志耕：《灰色系统理论及其应用》（第三版），科学出版社 2004 年版。

⑤ 党耀国、刘思峰、刘斌：《基于区间数的多指标灰靶决策模型的研究》，《中国工程科学》2005 年第 7 期。

⑥ Zhu J J, Hipel KW. Multiple stages grey target decision making method with incomplete weight based on multi-granularity linguistic label. Information Sciences, 2012, 212 (1).

⑦ 戴文战、李久亮：《灰色多属性偏离靶心度群决策方法》，《系统工程理论与实践》2014 年第 34 期。

⑧ Chen T Y. An ELECTRE-based outranking method for multiple criteria group decision making using interval type-2 fuzzy sets. Information Sciences, 2014, 263 (1).

⑨ Behzadiana M, Kazemzadehb R B, Albadvib A, Aghdasib M. PROMETHEE: A comprehensive literature review on methodologies and applications. European Journal of Operational Research, 2010, 200 (1).

⑩ Wei G W. Uncertain linguistic hybrid geometric mean operator and its application to group decision making under uncertain linguistic environment. International Journal of Uncertainty, Fuzziness and Knowledge-Based Systems, 2009, 17 (2).

⑪ Wan S P. 2-Tuple linguistic hybrid arithmetic aggregation operators and application to multi-attribute group decision making. Knowledge-Based Systems, 2013, 45.

⑫ Kadzinski M, Greco S, Slowinski R. Selection of a representative value function for robust ordinal regression in group decision making. Group Decision and Negotiation, 2013, 22 (3).

⑬ 刘佳鹏、廖貅武、蔡付龄：《基于案例比较信息的多准则群决策分类方法》，《系统工程理论与实践》2014 年第 34 期。

⑭ Kahneman D, Tversky A. Prospect theory: An analysis of decision under risk. Economitrica, 1979, 47 (2).

⑮ Tversky A, Kahneman D. Advances in prospect theory: Cumulative representation of uncertainty. Journal of Risk and Uncertainty, 1992, 5 (4).

国内外学者纷纷将前景理论用于解决风险型多属性决策问题并取得了丰富的理论成果①②③④⑤。例如张晓和樊治平将前景理论与随机占优准则方法相结合，提出前景随机占优准则，并将其运用到城市地铁工程的线路选择问题中⑥。刘培德针对概率为区间数，属性值为不确定语言的风险随机多属性决策问题，提出了基于前景理论的决策方法，并分析了前景价值参数及参考点变化时对排序结果的影响⑦。除此之外，由贝尔（Bell）⑧、卢姆斯（Loomes）和萨格登（Sugden）⑨提出的后悔理论也是又一个重要的决策者行为理论。该理论认为决策者除了要考虑其可能选择的方案绩效表现，还要考虑没有被选择的方案可能产生的价值，比较两者可以产生后悔或欣喜两种类别的价值函数 [48-49]。考虑后悔理论的多属性决策方法⑩⑪能够反映决策者的心理特征和风险偏好，获得接近决策者行为特点的决策结果。基于前景理论和后悔理论的多属性语言决策方法，将决策者行为特征与实际决策问题

---

①　樊治平、刘洋、沈荣鉴：《基于前景理论的突发事件应急响应的风险决策方法》，《系统工程理论与实践》2012 年第 32 期。

②　李仕峰、杨乃定、张云翌：《突发事件下选择应急方案的风险决策方法》，《控制与决策》2013 年第 28 期。

③　Fan Z P，Zhang X，Chen F D，Liu Y. Multiple attribute decision making considering aspiration-levels：A method based on prospect theory. Computers & Industrial Engineering，2013，65（2）.

④　Fan Z P，Zhang X，Chen F D，Liu Y. Extended TODIM method for hybrid multiple attribute decision making problems. Knowledge-Based Systems，2013，42.

⑤　Krohling RA，Pacheco AGC，Siviero ALT. IF-TODIM：An intuitionistic fuzzy TODIM to multi-criteria decision making. Knowledge-Based Systems，2013，53.

⑥　张晓、樊治平：《一种基于前景随机占优准则的随机多属性决策方法》，《控制与决策》2010 年第 25 期。

⑦　刘培德：《一种基于前景理论的不确定语言变量风险型多属性决策方法》，《控制与决策》2011 年第 26 期。

⑧　Bell D E. Regret in decision making under uncertainty. Operations Research，1982，30（5）.

⑨　Loomes G，Sugden R. Regret theory：An alternative theory of rational choice under uncertainty. The Economic Journal，1982，92（368）.

⑩　张晓、樊治平、陈发动：《基于后悔理论的风险型多属性决策方法》，《系统工程理论与实践》2013 年第 33 期。

⑪　Rai D，Jha G K，Chatterjee P，Chakraborty S. Material selection in manufacturing environment using compromise ranking and regret theory-based compromise ranking methods：A comparative study. Universal Journal of Materials Science，2013，1（2）.

相结合，为风险型多属性决策提供了崭新的思路。关于决策者行为的决策方法已成为决策领域的研究热点，然而目前的研究成果还不够完善，关于行为理论的参数设置以及参考点的选取等问题仍需要进一步的探索。

语言判断偏好信息下的决策问题也受到广大学者的关注。语言判断矩阵是以语言术语来表征方案两两比较后偏好水平的一类矩阵。一致性是考量语言判断矩阵是否有效的主要手段。由于完全一致性条件比较严格，专家主观评估的判断矩阵很难满足，现有文献主要研究语言判断矩阵的满意一致性条件。文献［52］分析了语言判断矩阵的满意一致性的性质，并以语言判断矩阵对应的可达矩阵为对象，提出了满意一致性的判别方法。文献［53］通过将语言判断矩阵转化为 0—1 结构的偏好关系矩阵，并依据其是否为上三角矩阵来判别语言判断矩阵是否具有满意一致性，在此基础上进一步提出了基于方案循环圈的调整方法。上述文献只适用于方案间具有严格偏好关系的情况，而对于存在无差异方案的判断矩阵的一致性问题则无法解决。文献［54］针对此类问题，结合图模型的相关理论，提出了满意一致性判断的有效方法。在实际决策问题中，由于信息不完整或专家经验的欠缺，语言判断矩阵元素会出现残缺，如何填充残缺信息也是学者关注的主要内容。文献［55］定义了不完全语言判断矩阵、一致性不完全语言判断矩阵和可接受的不完全语言判断矩阵，并利用可加传递性和一致性条件将残缺语言判断矩阵变换为一致的完全判断矩阵。文献［56］将语言信息转化为三角模糊数，并根据三角模糊数判断矩阵的一致性条件，获得未知的残缺信息。文献［57］根据判断矩阵的可加一致性和有序一致性条件来估算残缺矩阵信息，并提出了一类不完全模糊偏好下的群决策方法。除此之外，语言判断矩阵信息排序方法也是另一重要的研究领域。如文献［58］提出了几个语言集结算子用于集结不确定语言偏好信息，并将其应用到群决策问题中。文献［59］提出基于 Borda 分值法的语言判断矩阵集结算子并给出了方案排序规则。文献［60］依据优势粗糙集方法构造方案决策规则，并定义了评分函数用于对方案排序。该方法较其他方法更适于大规模方案集的评价问题。

综上所述，现有基于多属性语言评价信息和语言偏好信息的决策方法研究成果较多，在各领域的实际决策问题中均得到了较好的应用。然而对于大型复杂问题而言，常常会涉及多源异构信息，这些信息间存在密切的内在联系，同时又有较大差异和冲突。研究双重或多重信息下的决策问题势在必行。现有方法大多针对某单一类别信息下的决策问题，较少涉及双重信息融合、一致性修正及排序方法的研究。

三　不确定信息群体决策方法

在单一阶段不确定信息群决策研究方面，现有研究成果主要包括以下几个方面：①群体一致性测度及修正。如文献［61］基于群体共识度指标提出了专家判断矩阵的修正算法，并能够保证达到群体共识度阈值的各判断矩阵均为可接受的。文献［62］通过构建目标规划模型和二次规划模型的方法使得群体一致度最小，并给出了不满足阈值的专家偏好的修正算法。文献［63］在以上文献的研究基础上，提出以两个共识度指标以测算群体的一致性，并提出了改进的一致度修正算法。除此之外，文献［64］结合粗糙集理论中分类规则的研究思想来考虑群体一致性测度。文献［65］以模糊大多数指标的原则来测度群体共识程度，文献［66］以模糊相似性测度作为评判群体一致性的指标，并提出了群体一致性准则。②专家权重的确定方法。目前专家权重的确定主要由主观赋权、客观赋权以及主客观综合赋权三种思路。主观赋权主要依据专家的威信、知名度以及专业相关度等因素来获得，具有主观性较强，量化依据欠缺等不足；客观赋权主要依据专家提供的评价信息来反判专家的可信度。如依据专家判断矩阵的一致性[1]及特征[2][3]、专家间的相似度[4]、信息熵[5][6]以及规划模型[7][8]等方法来确定专家权重。

---

[1]　梁樑、熊立、王国华：《一种群决策中确定专家判断可信度的改进方法》，《系统工程》2004 年第 22 期。

[2]　陈岩、樊治平：《基于语言判断矩阵的群决策逆判问题研究》，《系统工程学报》2005 年第 20 期。

[3]　刘万里：《关于 AHP 中逆判问题的研究》，《系统工程理论与实践》2001 年第 4 期。

[4]　梁樑、熊立、王国华：《一种群决策中专家客观权重的确定方法》，《系统工程与电子技术》2005 年第 27 期。

[5]　陈俊良、刘新建、陈超：《基于语言决策矩阵的专家客观权重确定方法》，《系统工程与电子技术》2011 年第 33 期。

[6]　徐选华、周声海、周艳菊、陈晓红：《基于乘法偏好关系的群一致性偏差熵多属性群决策方法》，《控制与决策》2014 年第 29 期。

[7]　王坚强：《一种信息不完全确定的多准则语言群决策方法》，《控制与决策》2007 年第 22 期。

[8]　周宇峰、魏法杰：《基于模糊判断矩阵信息确定专家权重的方法》，《中国管理科学》2006 年第 14 期。

客观赋权法以专家评价信息为依据，具有客观性和较大的可信度。主客观综合赋权是前两者的结合，通常在考虑了主观权重的基础上对专家权重进一步调整并最终得到综合权重①②。主客观综合赋权综合考虑了主观赋权和客观赋权的特点，具有较强的综合性和全面性。除此以外，还有学者研究了专家权重的自适应调整算法③④，使得所求专家权重具有较强的稳定性。③群体信息集结方法。文献［79］［80］等研究了基于 OWA 及其扩展的集结方法。文献［81］考虑专家意见的可信度，用模糊相似度方法集结个体意见为群体意见。文献［82］使用 IULWGA 算子研究了直觉模糊不确定语言决策信息下的群体信息集结方法。文献［83］以共识一致性为控制变量，研究了两种个体偏好集结的群体共识算法流程。

综上所述，现有群决策方法涉及区间数、语言信息、三角模糊数、直觉模糊数等多类型的不确定信息，形成了较为系统的群决策理论和方法体系。然而，现有群决策理论中关于群体信息动态交互方法、多样异构信息下的群体协调问题以及异构信息下的群体可信度测度等方面的研究还需进一步地挖掘和探索。

四　大规模群决策理论与方法的研究

随着决策民主化和科学化的要求，参与决策的人数规模与日俱增，群决策规模的过于庞大导致现有一些传统的群决策模型无法适用，然而现有文献中针对大规模群决策的研究却相对较少，主要研究内容集中在以下几个方面：

考虑大规模群体的决策信息具有一定的统计特征，因此部分学者主要结合概率分布或统计理论来进行大规模群体信息决策研究。如文献［84］将大规模群体决策信息转化为其概率分布，并结合证据推理方法进行群体信息集结。文献［85］研究了基于属性分布信息的大群体集结方法。文

---

① 万俊、邢焕革、张晓晖：《基于熵理论的多属性群决策专家权重的调整算法》，《控制与决策》2010 年第 25 期。

② 周延年、朱怡安：《基于灰色系统理论的多属性群决策专家权重的调整算法》，《控制与决策》2012 年第 27 期。

③ 陈晓红、刘益凡：《基于区间数群决策矩阵的专家权重确定方法及其算法实现》，《系统工程与电子技术》2010 年第 32 期。

④ 王俊英、李德华、吴士泓：《决策关联分析下的专家权重自适应调整研究》，《计算机工程与应用》2010 年第 46 期。

献［86］针对多指标多标度大规模群决策问题，提出一种基于随机占优准则的大群体决策方法。由于统计分布信息相较于原始信息具有一定的统计误差，对于如何控制及减少这类误差等问题，现有文献研究涉及较少。

较多学者从系统聚类的角度对大群体进行聚类分析，并基于聚集进行权重设置及信息集结的研究。文献［87］针对现有 FCM 聚类算法中存在的局部极值和伸缩性交叉等问题，提出了基于全部最小联通支配集算法的改进聚类算法，文献［88］提出了一种解决多属性复杂大群体聚类与决策问题的改进的蚁群聚类算法。文献［89］针对评价信息为效用值形式的大群体决策问题，结合熵权法对信息量较少的成员进行剔除，实现一定程度的简化，并结合聚类方法确定专家权重，并给出了方案排序结果。文献［90］对属性信息为连续性随机变量的大群体问题进行了研究。文献［91］提出了一种考虑成员学习进化能力并有效收敛群体意见的大规模群决策一致性修正方法，除此之外，还有文献对大群体决策问题中的专家权重设置方法进行了研究。如文献［92］针对聚集类内专家的信息不确定性程度，提出了基于信息熵的专家赋权方法。文献［93］运用模糊聚类方法对专家评价信息进行分类后，结合判断矩阵一致性比例和排序向量的熵来设置专家权重。此外，陈晓红等学者还对大规模群体决策支持系统进行了研究。文献［94］研究了复杂大群体决策方法和网络环境下大群体决策支持系统，文献［95］提出了一种面向复杂大群体的群决策支持系统结构。

五 多阶段决策理论与方法

按照决策问题的性质不同，可将多阶段决策问题分为多阶段过程优化问题和多阶段信息集结两类。前者主要研究相互联系的多个阶段下的决策策略最优问题，满足最优化原理和无后效性的多阶段优化可以用动态规划方法来求解①。多阶段信息集结实质上是研究多个独立阶段下备选方案的综合绩效的动态水平，可以是多阶段方案属性值的综合绩效的集结，也可以是方案偏好总体表现的集结。近年来，多阶段决策信息的集结问题及方法研究得到了学术界的广泛关注。

---

① 闻育、吴铁军：《求解复杂多阶段决策问题的动态窗蚁群优化算法》，《自动化学报》2004 年第 30 期。

在多阶段信息集结方法中，一些文献研究主要侧重于单阶段信息集结方法在多个时期下的简单扩展①，无法体现多阶段下的信息演化特征，而阶段权重一般通过专家判断或其他方法取得。此类方法本质上仍为单阶段信息集结研究。除此之外，很多学者侧重研究了动态集结算子的性质及集结方法。文献［98］定义了动态加权平均（DWA）算子，并结合等差数列、等比数列和正态分布数列的特点，分别提出了确定 DWA 算子时间权重的方法。文献［99］以直觉模糊决策信息为对象，提出了动态直觉模糊加权算数平均（DIFWA）算子和不确定动态直觉模糊加权算数平均（UDIFWA）算子，并利用 BUM 函数[100][101]，结合正态分布序列特点、指数分布序列特点和数据平均年龄[102]等方法以确定时间权重。文献［103］也以直觉模糊数和区间直觉模糊数为评价信息形式，设计了动态直觉模糊加权几何平均（DIFWG）算子和不确定动态直觉模糊加权几何平均（UDIFWG）算子来对多阶段决策信息进行集结。文献［104］提出了一种基于 TOPSIS 的混合决策信息（包含实数、区间数或语言标度）下的动态多属性群决策方法。利用混合加权几何平均（HWG）算子将个人贴近度集结为群体贴近度；定义了动态加权几何平均（DWGA）算子，并基于单位区间单调函数的特征确定 DWGA 算子的时间权重。文献［105］设计了动态语言加权几何（DLWG）算子对多阶段决策信息进行集结，基于 orness 参数构建了一类最小方差模型来测算时间权重，并将该方法扩展到不确定语言决策信息中。文献［106］设计了时序加权平均（TOWA）算子和时序几何平均（TOWGA）算子，利用时间权向量的熵和时间度以确定算子的时间权重。文献［107］针对动态随机多属性决策问题，设计了动态对数正态分布加权几何（DLNDWG）算子，以对对数正态分布随机变量形式的属性值进行集结。上述方法在研究集结算子性质的同时也给出了确定阶段权重的方法，然而此类方法主要着眼于阶段权重的自身特征及变化，没有考虑到阶段信息的具体表现。

阶段权重的设置与阶段信息是密不可分的，综合考虑阶段信息表现与阶段权重的关系有利于进行科学客观的权重设置方法研究。一些学者着眼于信息挖掘的角度来测度阶段权重，为阶段权重设置提供了一类新

---

① 闫书丽、刘思峰、方志耕、朱建军、吴利丰：《基于累积前景理论的动态风险灰靶决策方法》，《控制与决策》2013 年第 28 期。

的思路。文献［108］针对群决策中多阶段多元判断偏好信息，提出了基于先验信息和方案区分度的阶段赋权方法。文献［109］以正负理想方案偏差最大最小为目标，构建规划模型测算阶段权重。文献［110］设计了一类新的动态混合多属性决策方法。该方法利用实数、区间数和语言（转化为三角模糊数）的灰关联系数来测量各方案相对于正、负理想方案的接近程度，采用模糊隶属度和聚类的思想，对所有阶段的灰色关联度进行集结。文献［111］以单阶段下的决策偏好与总体阶段偏好之间的偏离程度最小为目标构建规划模型以确定阶段权重的大小。此外，另有文献将动态集结方法与决策者对阶段数据的主观偏好结合起来，如文献［112］结合时间权重的方差和时间度，提出了一种基于最小方差的动态综合评价方法。文献［113］提出了基于新信息优先原则的时间权重确定方法。除了阶段权重设置方法外，一些学者通过分析阶段属性值的变化趋势以体现各阶段下的方案绩效。文献［114］以趋势激励系数来表征阶段属性变化，并通过已知权重集结各阶段的趋势激励系数来进行动态选优。

六　社会信用体系的国内外研究现状

（一）国外研究现状

经过百余年市场经济的建设与完善，主要发达国家已经形成了较为健全的市场经济体系和管理制度。与此同时，部分发达国家（如美国、日本以及欧洲等）纷纷结合本国的经济特点，逐步设计并建立了适合本国国情的社会信用体系，在其发展过程中日益完备。目前，许多的国外学者先后针对社会信用体系模式、社会信用风险度量以及信用信息系统的设计与构建等领域展开深入研究，丰富了关于社会信用体系设计与建设等领域的理论成果。

一些学者选择有代表性国家的社会信用体系为研究对象，针对其社会信用体系的构建模式展开系列研究。例如，文献［115］对欧洲的社会信用体系及其下的公共征信机构和私营征信局进行了详细的实证研究，总结了欧洲社会信用体系的特点；文献［116］对国外社会信用体系的特征进行了分析总结，将其概括为美国模式、欧洲模式和日本模式。文献［117］对欧洲和美国的社会信用体系进行了深入比较，着重分析了社会信用体系构建中法律环境特征以及对信用市场整合的影响作用。文献［118］对社会信用体系微观功能进行了深入研究，将社会信用体系的微观功能划分为惩戒型、促进型和平衡型三种。经过文献梳理总结发现，目前发达国家构建本国社会信用体系的基本模式可以归纳为以下三种：①以美国为典型代表，以私营机构征信服务为主体特征的私营企业经营模式；②以德国、法国、英国等西欧国家为代表，以面向大众、社会征信和公共服务为主要特征的公共政府主导模式；③以日本为典型代表，以面向协会、群体征信服务为主体特征的联合行业协会模式。具体信用体系模式及特征见表1-1。

现如今，一些国外学者经过大量的研究，已经探索形成了科学合理的信用风险度量方法和模型。古典信用管理方法产生于20世纪80年代以前，最有代表性的方法主要有"5C"法，也叫专家分析法，主要是专家对客户从五个要素角度进行分析归纳总结的一种风险评估方法。根据五个要素的不同，"5C"法又可以延伸为"5W"法和"5P"法。除此之外，阿特曼（Altman）提出了信用评分法（Z计分模型[1]、ZETA信用风险模型[2]），通过分析企业的主要财务指标来判别企业破产的风险大小。20世纪80年代以后，各种现代信用管理方法不断涌现，主要有基于信用风险的期权定价模型，如由美国KMV公司于1995年开发的违约预测模型[3]；以度量信用风险价值VAR为基础的信用度量模型[4]；由Credit Suisse First Boston银行开发的基于保险精算的Credit Risk+（信用风险+）系统模型[5]和基于统计非线性分类方法的Logistic回归法[6]；麦肯锡公司开发出基于宏观视角分析违约风险的Credit portfolio View模型[7]；许多学者还将神经网

---

[1] Altman EI. Financial ratios, discriminant analysis and the prediction of corporate bankruptcy, The Journal of Finance, 1968, 23 (4).

[2] Altman EI, Haldeman RG, Narayanan P. ZETA analysis A new model to identify bankruptcy risk of corporations. Journal of Banking & Finance, 1977, 1 (1).

[3] Hudson C, Mays E. Credit Risk Modeling. AMACOM American Management Association, New York: 1999.

[4] Crouhy M, Galai D, Mark R. A comparative analysis of current credit risk models. Journal of Banking &Finance, 2000, 24 (1-2).

[5] Dennis M. Credit and Collection Handbook. Prentice Hall: Upper Saddle River, New Jersey 2000.

[6] Ohlson JA. Financial ratios and the probabilistic prediction of bankruptcy. Journal of Accounting Research, 1980, 18 (1).

[7] Mays E. Handbook of Credit Scoring. AMACOM American Management Association, New York: 2001.

络方法用于银行信用风险评估①，并验证了神经网络方法的科学性。

表1-1 国外典型社会信用体系模式及特征

	代表国别	美国、英国	德国、法国、巴西、阿根廷	日本
建设模式	类型	企业经营模式	政府或中央银行主导模式	行业协会模式
	特点	私营征信服务	以公共征信服务为主	协会征信服务
信用立法	专项立法	《公平信用报告法》（FCRA）为核心	《欧盟数据保护指令》《个人数据保护法》等	《信用保证协会法施行令》等
	立法特点	强调信息开放、市场公平竞争与消费者权益保护	约束信息范围、强调消费者信息权益保护，注重信息保密	强调信息保护和行业规范
管理体制	管理组织	联邦政府	政府主管部门和中央银行	政府和行业协会
	管理职能	推动信用立法及法律法规制定、对征信市场进行监管	执法监管及征信运营	政府：监管体系的运行 协会：自律管理及征信服务
征信服务制度	征信服务主体	商业信用服务机构	公共征信机构为主、私营征信机构为辅	行业协会信用信息中心
	信息开放程度	除法律限制条款外全面平等开放和共享	公共征信机构强制征信，私营征信机构受限征信；部分个人数据的处理和使用须征得本人书面同意	信息征集和使用仅限于会员内部，不对协会外部开放
	信息系统建设	由各征信机构独资或联合建设	公共信息系统由政府投资建设，私营征信信息系统由其自身投资建设	由各行业协会投资建设
	信用服务机制	市场经济机制	政府公共运作为主、私营市场运作为辅	会员内部互助式运作

注：根据文献资料整理，具体参见文献［127］［128］，以及网址 http://www.worldbank.org/research/bios/lklapper.htm。

国外学者对信用信息系统设计的研究主要集中于构建信用信息平台和

① Desai VS, Crook JN, Overstreet Jr GA. A comparison of neural networks and linear scoring models in the credit union environment. European Journal of Operational Research, 1996, 5 (1).

社会信用体系的完善对金融行业、银行信贷业务以及信贷风险的管控措施带来的影响方面。例如，在文献［129］中，卢奥托（Luoto）等学者通过对拉丁美洲危地马拉的小额信贷市场的调研和实证研究，分析了危地马拉建立的信用信息系统对使用该系统的银行的预期资产的影响效果。文献［130］运用大量企业层面的数据进行实证研究，剖析了信用信息共享平台对转型期国家的信用体系构建的影响作用。文献［131］将信用信息系统视为企业的第二大战略资源，并通过挪威银行信用系统评估实证研究来验证其结论。西班牙银行的首席经济学家阿蒂加斯（Artigas）提出，征信体系的设计和建立工作必将成为未来国家金融监督和管控部分推行由巴塞尔委员会制定新资本协议的有效手段。同时，阿蒂加斯进一步强调，无论是发达国家、发展中国家还是新兴国家，社会征信体系都将在其国民经济发展过程中发挥不可忽视的重要作用，并为各国金融监管机构开展信用风险管控工作提供强有力的技术支持①。

（二）国内研究现状

我国社会信用体系的建设尚处于初始阶段，需要结合国外优秀成熟的建设经验和国内区域特点，不断完善健全各项信用体制，加快实现社会信用体系的步伐。国内学者也从理论上针对我国社会信用体系的现状分析、建设模式以及信用评估模型等方面进行了大量研究。

许多学者对我国市场经济中出现的信用缺失情况进行了分析，强调了建设社会信用体系的必要性和重要性，并为我国构建中国特色的社会信用体系的路径提出了建议。现如今，我国市场经济进程中出现较多的信用缺失案例，例如交易过程的商业欺诈、企业运营过程的偷税漏税和拖欠贷款、制假售假、学术不端、逃避债务、不依法执政等，这些信用缺失和信用行为紊乱的现象成为建立高效有序的市场经济机制和社会主义和谐社会的重要阻碍。文献［133］提出我国目前的信用秩序混乱的现象完全是由于产权制度的缺陷而造成的。在构建完善有效信用制度的道路上，推行切合实际的产权改革是未来改革的关键环节和重要抓手。这样一来，社会中主要的经济主体可以真正拥有和自主支配其名下的独立资产，以市场主体的身份真正参与到市场运行中。文献［134］针对合同违约和执行难问

①　Artigas CT. A Review of Credit Registers and their Use for Basel Ⅱ. FSI Award 2004 Winning Paper. Bank of Spain, September 2004.

题，运用经济学方法分析了违约现象经常发生的原因，并提出建立一种有效的信息披露机制或减少信息搜寻成本等措施，能够将合约的有限界期延展成无限界期化，搭建前后期合约间的内在联系，对违约行为呈现出事前威慑的效应。

在社会信用体系的构建模式方面，许多学者从国家或区域角度对现代信用管理体系的构建进行研究。文献［135］分析了欠发达地区农村信用体系建设的困境，并提出应构建包含失信惩处机制、风险补偿机制和科学的信用评价体系为内容的信用管理体系。文献［136］针对长三角地区的特点，对构建区域一体化长三角信用体系的重要问题进行了研究。文献［137］总结归纳了沪、京、辽、蒙等省市在构建社会信用体系过程中的主要做法和可取经验，同时为天津市设计并建设其社会信用体系提出了建议和对策。

在信用评估方法方面，国内学者主要着眼于对现有模型的综述分析及比较，还将其他方法例如模糊数学、神经网络等方法应用到某些现有的风险评级方法中以及风险评级方法在我国实际企业中的应用等。文献［138］对传统的信用风险分析方法如判别分析法、Logistic 回归法和现代信用评级方法如专家系统评估、神经网络等进行了分析和评述，并对信用风险评估方法的发展进行展望。文献［139］将个人信用评分方法总结为判别分析、回归分析、数学模型和神经网络四类方法并对它们进行了评述和比较。文献［140］针对商业银行的信用风险，综合考虑信贷资金安全系数的不确定性和信用风险的相对性特征，将信用的风险程度视为系统中主要的控制变量，参照人工神经网络的方法构建商业银行信用风险的预测和评估模型。文献［141］使用遗传规划方法为我国商业银行的信用风险进行了评估，并将结果与传统的风险评估模型进行了比较，验证了此方法在预测精度和鲁棒性等方面的优势。

综上所述，现如今，社会信用体系的建设工作逐步开展并不断完善，科学决策方法是保障此项工作健康有序发展的重要保障。基于语言信息的多阶段决策及群体决策问题已得到学术界重视，很多可行的研究思路和方法为本书研究提供了建模思路和理论参考。总体而言，现有决策理论及应用研究尚有以下问题值得进一步探索：

（1）多阶段决策问题中动态集结算子和阶段权重的研究成果较为丰富，其中关于阶段权重自身变化特征的研究成果较多，然而以挖掘决策信息为角度探寻时间权重的方法较少。决策信息的复杂性和决策需求的多样化，使得基于决策信息的时间权重设置方法有较大的难度和深度。

（2）考虑时间因素的动态评价决策方法和多阶段时序偏好信息的集结也有了初步研究成果，但对于多阶段随机多准则决策问题中，关注决策者风险偏好变化特征，及多阶段风险演化下的动态方案绩效评估方法较少，现有研究存在不足之处。

（3）基于语言评价信息和语言判断矩阵信息的决策方法已得到学术界的关注，并有丰富的研究成果，但较少文献涉及两类异构信息的融合及内部逻辑推理，以及基于双重信息联动的多阶段决策问题研究。

（4）不确定信息下的群体信息集结方法已经得到了广泛关注并取得了较多的成果，但对于多阶段群体信息集结问题，群体异构信息融合、群体一致性修正方法、信息交互流程、专家权重设置以及大群体聚类分析及信息集结等存在较大的研究空间。

（5）现如今，我国各省市社会信用体系的建设工作正在逐步展开，已取得一些成效。然而，涉及建设效果绩效评价的应用研究较少，尤其是多阶段双重语言信息下的动态评价工作比较缺乏。

第四节　研究方案及思路

一　主要研究内容

本书按照由浅至深、由易至难的研究思路，分别针对主观阶段偏好下的决策信息挖掘、考虑决策行为特点的随机风险型决策、双重异构语言信息联动、群体意见交互修正、大规模群体决策等情形下研究多阶段语言信息的集结方法，主要研究内容如下：

（一）基于orness测度的多阶段不确定语言信息集结方法研究

在多阶段决策问题中，专家对时间权重的主观偏好及其变化规律的判断直接影响着备选方案各阶段绩效的动态集结效果。然而仅依靠时间权重本身的变化特征确定的阶段权重很可能导致方案的综合绩效区分度偏小，甚至出现无法区分的结果。因此，仅仅依靠对阶段权重的主观偏好来设置阶段权重存在不足，需要充分挖掘决策信息以满足实际的决策需求。

本部分主要研究不确定情境下多阶段语言信息的动态集结问题。建立多阶段不确定语言信息动态集结的 TOPSIS 分析框架，通过 orness 测度表征专家对阶段权重的主观偏好，分析备选方案各阶段表现的动态变化特征；以阶段稳定发展为导向驱动，构建规划模型以确定时间权重；建立方案绩效贴近度范围的估算模型，解决不确定语言信息集结方法中可能造成信息丢失的问题；对 orness 参数取值进行分析，以体现其不同取值及变动范围对方案多阶段排序选优结果的影响效果，为决策专家确定自身阶段偏好提供科学依据。

（二）基于前景理论的多阶段随机多准则语言决策方法

在实际决策中，决策者做出决策行为并非出于完全理性的判断，决策偏好经常受到风险偏好及其他方案结果的影响，即人们通常是根据一定的参考水平来判断方案的最终收益和绩效水平。在多阶段随机决策问题中，决策者的风险态度会随着阶段变化而发生动态波动，从而会引起各阶段参考水平的差异，并最终影响备选方案的综合绩效水平。

本部分在前景理论思想的基础上，研究多阶段语言决策环境中动态参考点的设置方法，并依此为基础研究多阶段随机多准则决策问题。将传统的前景理论在时间维度上进行拓展，分析决策参考水平的动态发展特征；设计基于方案绩效阶段发展速度的动态参考点设置方法，提出一种备选方案的阶段综合前景值的计算方法；以各阶段方案的综合前景值最大为优化目标，构建规划模型来确定评价各阶段下的准则权重；设计了前景值范围估算模型，以表征决策风险对最终决策结果的影响。

（三）基于双重语言信息联动的多阶段决策模型研究

在实际的管理决策过程中，决策者常常会面临以下两类信息：一类是关于备选方案在各准则、目标或属性上的实际表现。另一类是决策专家对方案整体表现的综合直觉判断。本书将前者称为决策依据信息，后者称为专家偏好信息。虽然两类信息在形式、结构和含义上存在一定的差异，但是二者是从不同角度表征方案的绩效水平，必然存在一定的内在联系。

本部分主要研究双重语言信息的结构特征及融合方法，通过分析决策依据信息和专家偏好信息的结构和特点，寻求双重信息之间的内在联系和转换规则；揭示双重信息在各阶段间的动态演变特征，对双重信息之间的动态联动效应进行分析，以双重信息间差异最小为原则测算各阶段下属性权重和时间权重；综合考虑方案的动态综合语言绩效和专家主观判断结果，在多阶段情形下集结决策信息，对方案进行优选排序。

（四）基于双重语言信息交互修正的多阶段群体决策方法研究

为了突破个人知识的局限，某些复杂的决策问题需要集思广益，通过开展群体决策的方式充分发挥专家团队的集体智慧。然而，由于决策专家专业知识和思维习惯的差异，部分专家意见可能出现较大差异，使得群体偏好出现失效的情况，因此需要结合专家双重异构信息实现专家意见的快速交互。

本部分主要研究双重语言信息下的多阶段群决策方法。设计专家综合偏好矩阵以反映专家意见集中的效果，以专家群体判断矩阵和综合偏好矩阵之间偏离程度表征为控制目标，设计合理阈值，有效辨别群体中的弱有效性专家；分析专家意见的交互修正过程，将专家意见表征为一类多维空间向量，确定弱有效性专家意见的修正方向和最佳移动步长；研究各阶段下专家意见的综合偏离度与阶段权重之间的内在关系，以阶段权重间离差最小为原则设计阶段权重测算模型，通过阶段权重有效集结方案的综合偏好信息，以全评价周期的角度对备选方案进行优选决策。

（五）大规模群体语言信息的融合聚类及多阶段集结方法研究

随着信息技术快速发展和因特网的日益普及，决策专家可以突破时间和地域的限制，快速、有效地参与决策工作中。这样一来，决策专家的人数有所增加，大规模群体决策问题比较普遍。但是，由此便会产生大量异构决策信息，信息多阶段集结的效率有待提高。

本部分研究双重异构语言信息下大规模专家意见的聚类方法，根据聚类结果集结多阶段下的专家信息。分析不同结构信息形式下专家意见之间的相似关系，设计双重信息下聚类结果一致性和非一致性指标，以聚类结果的非一致指标最小为原则构建规划模型，以测算各阶段下决策矩阵属性权重；以双重信息融合度为主要指标以测算类内和类间权重，集结各阶段下大规模群体意见；测算各阶段下群体信息综合融合程度，分析其与阶段权重之间的内在联系，集结方案各阶段绩效水平。

（六）长三角地区社会信用体系建设绩效的多阶段语言信息评价研究

现如今，社会信用是维持区域经济健康、稳定增长的重要保证，长三角各省市社会信用体系建设工作开展得如火如荼，取得了引人瞩目的建设效果。在建设成果的背后，长三角各省市在社会信用体系的效果参差不齐，部分领域尚存在一定不足。因此，需要对"十二五"期间长三角三省市（上海市、浙江省、江苏省）社会信用体系的建设效果进行评估，了解长三角地区社会信用体系的建设效果，梳理现有社会信用体系的优势和不足，总结经验，为今后更好地构建社会信用体系提供指导性建议和对策。

本部分在掌握社会信用体系国内外研究现状的基础上，分析我国社会信用体系的框架及基本要素；以框架和要素为导向，设计长三角地区社会信用体系建设的评价指标体系；按照评价指标的引导，有针对性地搜集"十二五"期间长三角主要省市建设社会信用体系的数据资料；分别在决策依据信息和双重信息两种情形下评估上海市、浙江省和江苏省"十二五"期间社会信用体系建设效果，两轮评估结果互为验证，为长三角今后社会信用体系建设工作提供理论支持。

二　研究思路及方法

基于上述分析，本书以研究问题特征为导向，设计对应章节以涵盖上述研究内容。本书后续章节面向不同情形下的决策问题，各章节研究问题的特征可参见表 1-2。

表 1-2　　　　　　　　　　　决策情形特征表

情形特征／章节涵盖	阶段偏好	考虑决策者风险态度	双重异构语言信息	群体决策（群体意见未集结）	大规模专家群体（10人以上）
第二章	已知	否	否	否	否
第三章	未知	是	否	否	否
第四章	未知	否	是	否	否
第五章	未知	否	是	是	否
第六章	未知	否	是	是	是

由于决策环境的多样性，不同的应用研究有可能面临不同的决策情形，具备不同的特征表现。具体而言，当面临单一的决策依据信息，阶段偏好明确且对绩效评估信息的动态稳定性有一定的要求时，则符合第二章的情形特征；若专家决策信息具有一定的随机性，则要考虑决策者的风险偏好及动态变化，采用第三章的决策方法；当存在多属性决策信息和专家偏好两类信息时，则要考虑两类信息间的融合转化及动态变化特征，应结合第四章的决策技术；若存在多位专家偏好信息，则应考虑如何判断专家

偏好有效性及设计相应的修正方法，具体可参见第五章；存在大规模群体双重信息时，则应根据第六章的内容对群体偏好进行聚类分析。

在上述理论研究的基础上，选取"十二五"期间长三角主要省市（上海市、浙江省、江苏省）社会信用体系建设绩效的评估工作开展案例研究。考虑决策环境的实际特征，本书在案例研究中以阶段偏好下单一语言决策信息挖掘和双重异构语言信息融合动态集结两类决策情形下的理论方法为例来验证相应方法的合理性。

本书在理论方法上主要采用运筹学、TOPSIS 法、前景理论、LINMAP法、聚类分析等方法研究了语言信息的多阶段决策问题，并应用于"十二五"期间长三角社会信用体系建设绩效的评估工作，理论与实践相结合，定量与定性方法相辅助。

因此，本书的研究思路设计如图 1.1 所示。其中"研究问题体系"为五种常见情形下的多阶段语言决策问题，"研究内容体系"为对应章节的细化问题，"方法论体系"为研究该问题涉及的主要方法。

第五节　创新点

本书研究方向关注语言信息决策问题与多阶段决策问题的交叉领域，探索不同阶段特征下的多阶段集结问题，目前的相关研究较少。此外，由于多阶段决策问题时间跨度较长，其间可能面临不同类型的语言决策信息。多重语言信息的交互融合问题也是本书的新意之一。具体而言，本书的创新点可归纳如下：

（1）基于阶段偏好和决策动态稳定导向的多阶段权重测算模型

仅仅依靠阶段权重本身的特征和偏好来确定时间权重的大小，则无法满足决策实际需求，且易导致方案绩效的区分效果不明显或无法区分的结果。阶段权重的确定不仅要体现专家对评价阶段的偏好，还要结合决策信息的变化规律。本书基于决策矩阵信息和 orness 测度，构建阶段权重确定模型，有利于满足决策的客观实际需要，更符合决策工作的现实情况。orness 参数的取值对于时间权重至关重要，单独凭借主观偏好来确定其大小缺乏一定的科学依据。本书在方案排序约束的前提下，研究 orness 参数的取值范围，为专家确定 orness 参数及控制排序结果提供一定的客观依据。

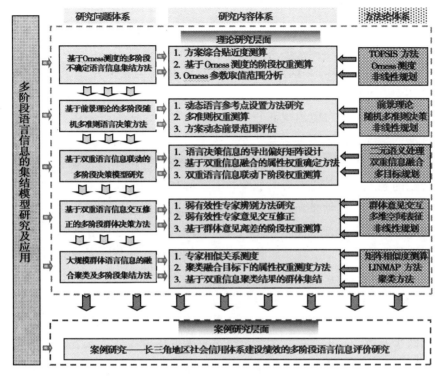

图 1.1　研究思路图

（2）考虑风险偏好纵向变动的动态参考点设置方法研究

考虑决策者的有限理性和风险偏好，前景理论在随机多准则决策领域应用广泛，然而单阶段下参考水平的设置主要着眼于同一时间点处的横向比较。在多阶段环境中，决策者的风险偏好及参考水平会随着时间的延续发生一定变化。因此，本书在分析决策者参考水平阶段变化规律的基础上，关注决策风险偏好纵向变化特征，提出了动态参考点的设置方法。动态参考点的设置有助于测算决策风险偏好所引起的方案动态综合前景值，进而对备选方案实现选优排序。考虑语言评价信息的不确定性在多阶段集结过程中会被削弱，从而增加决策过程的风险性，本书对综合前景值范围进行估算，以涵盖更多决策信息，减少决策信息的丢失。

（3）多阶段情形下双重语言信息融合技术研究

多阶段决策问题的时间跨度较长，可能面临多种形式的语言信息。不同类型的信息在表现和结构上存在一定的差异，但本质上具有内在逻辑性，具备相互转化融合的可行性。本书剖析了多阶段情形下双重语言信息

（决策依据信息和专家偏好信息）结构特征和动态变化特点，提出了双重信息的融合方法，并在此基础上构建模型测算得出属性权重、阶段权重等重要的决策参数，提高了决策工作的科学性和合理性。

（4）基于双重语言信息交互修正的弱有效性专家判别及快速修正模型

在群体决策中可能出现部分专家意见差异较大而导致群体共识水平大大降低的情况，因此需要对某些专家意见进行修正。由于专家个人的偏好意见存在一定的主观性和模糊性，仅仅从群成员的偏好信息着手分析，可能会遗漏某些重要信息或容易忽视持有正确判断的专家。本书综合考虑群体偏好与决策依据信息两者与专家偏好间的内在联系，构建优化模型以辨别弱有效性专家，并将专家意见表征为空间向量，构建弱有效性专家意见的快速修正模型，结合计算机仿真软件，能够快速调整专家意见以使群体偏好达到较高的共识水平，其集结过程和结果具备更高的可信度。

（5）考虑群体分类偏好的双重信息融合聚类及专家权重设置模型

基于双重异构信息的群体聚类结果往往存在一定的冲突，群体聚类冲突的减少及协调是大规模群体决策结果有效的重要保证。本书研究了考虑群体分类偏好的大规模群体双重信息融合聚类方法，提出了类内及类间权重设置模型。群体分类偏好来源于专家评价信息，客观依据充足；属性权重的设置能够使得双重异构信息下的聚类冲突最小，保证了聚类结果的有效性；类内及类间权重设置模型反映了专家双重信息的融合程度和专家评价的可靠性，较大提高了大规模群体的共识水平，为专家赋权提供了一个新的思路。

第六节　本章小结

本章阐述了语言信息下多阶段决策问题的内涵和应用背景，分析了开展多阶段语言信息集结研究的重要意义；在回顾本领域国内外相关文献的基础上，评述了现有研究的主要成果和可能存在的不足；分别针对若干常见情形下的语言信息多阶段问题，由浅入深地展开本书研究思路，分析了本书可能存在的创新之处，为接下来开展一系列具体研究打下了坚实的基础。

第二章

基于 orness 测度的多阶段不确定语言信息集结方法研究

多阶段决策问题是静态决策工作在时间维度上的延伸和拓展，阶段权重是多阶段决策问题的特征要素和关键变量。本章主要研究不确定语言信息的多阶段集结问题，综合考虑备选方案的动态绩效，对其进行优选排序。设计了多阶段 TOPSIS 分析框架和研究思路，以贴近度的视角处理备选方案的不确定语言信息，表征各方案的单阶段绩效。以邻近阶段间方案综合贴近度的离差平方和达到最小为优化目标，考虑 orness 测度等约束建立阶段权重测算模型，以反映决策主体的个人偏好和方案的决策信息对阶段权重的综合影响。测算备选方案贴近度波动范围，分析多阶段决策问题中决策风险的影响。在一定方案序列约束下，分析 orness 参数的取值范围，研究 orness 参数的不同取值对方案多阶段优选排序结果的影响。

第一节　问题描述及预备知识

查阅相关文献不难发现，国内外研究人员在语言评价信息和多阶段信息动态集结等领域取得了丰硕的研究成果。本领域研究方法可以大致分为以下两类：（1）探寻时间序列的基本特征[98-99,104-107]，例如追求时间权重的方差实现最小、呈现出单调递增或递减特征、服从正态分布等情况以确定时间权重；（2）将决策方案的评价信息考虑进时间权重设计问题[108-111]，但是本类别的研究相对较少。本章在较为详尽地掌握现有研究成果的基础上，全面考虑方案的评价信息和决策者的主观偏好等因素的综合影响，提出了一种新的阶段权重测算方法，并针对多阶段决策问题中的关键参数开展深入分析。

一　基本定义

定义 2.1[5]　令 $S = \{s_\alpha \mid \alpha = -g, \cdots, -1, 0, 1, \cdots, g\}$，$g > 0$，其中，$s_\alpha$ 为语言信息变量，以表征决策主体用于评价方案表现的语言术语，S 为可供选择的语言变量集。

存在如下条件：若 $\alpha > \beta$，则 $s_\alpha > s_\beta$；假设存在逆算子 $neg(s_\alpha) = s_{-\alpha}$，其中，$neg(s_0) = s_0$。

设 $s_\alpha, s_\beta \in S, \lambda \in [0, 1]$，则存在下列运算规则：$s_\alpha \oplus s_\beta = s_{\alpha+\beta}$；$\lambda s_\alpha = s_{\lambda\alpha}$[8]。

定义 2.2[142]　令 $\tilde{s} = [s_\alpha, s_\beta], \tilde{s} \in S$，其中 $s_\alpha, s_\beta \in S, s_\alpha$ 和 s_β 分别为 $\tilde{s}$ 的下限（最小值）和上限（最大值），则可以称 $\tilde{s}$ 为一类不确定语言变量，S 为不确定语言变量集合。

对于 3 个不确定语言变量 $\tilde{s} = [s_\alpha, s_\beta]$，$s_1 = [s_{\alpha_1}, s_{\beta_1}]$ 和 $s_2 = [s_{\alpha_2}, s_{\beta_2}] \in S$，则存在：（1）加法法则 $s_1 \oplus s_2 = [s_{\alpha_1}, s_{\beta_1}] \oplus [s_{\alpha_2}, s_{\beta_2}] = [s_{\alpha_1} \oplus s_{\alpha_2}, s_{\beta_1} \oplus s_{\beta_2}] = [s_{\alpha_1+\alpha_2}, s_{\beta_1+\beta_2}]$；（2）数乘法则：$\lambda\tilde{s} = [\lambda s_\alpha, \lambda s_\beta] = [s_{\lambda\alpha}, s_{\lambda\beta}], \lambda \in [0, 1]$。

定义 2.3[143]　假设存在两个不确定语言变量 $s_1 = [s_{\alpha_1}, s_{\beta_1}]$，$s_2 = [s_{\alpha_2}, s_{\beta_2}] \in S$，则变量 s_1 和 s_2 之间的距离可定义如下：

$$d(s_1, s_2) = \frac{|\alpha_1 - \alpha_2| + |\beta_1 - \beta_2|}{2} \qquad (2.1)$$

二　问题描述及分析思路

假设存在某个多阶段决策问题，$A = \{a_1, a_2, \cdots, a_n\}$ 为备选方案集，内含 n 个备选方案；评价周期共包含 p 个评价阶段，对应的阶段权重为 $\lambda(t_k) = (\lambda(t_1), \lambda(t_2), \cdots, \lambda(t_p))^T$，其中 $\lambda(t_k) \geq 0$（$k = 1, 2, \cdots, p$），$\sum_{k=1}^{p} \lambda(t_k) = 1$；令 $C = \{c_1, c_2, \cdots, c_m\}$ 为决策属性集，则 t_k 阶段下评价属性的权重向量为 $w(t_k) = (w_1(t_k), w_2(t_k), \cdots, w_m(t_k))^T$，其中 $w_j(t_k) \geq 0$（$j = 1, 2, \cdots, m$），$\sum_{j=1}^{m} w_j(t_k) = 1$；令第 k 个阶段的不确定语言决策矩阵为 $R_{(t_k)} = (r_{ij}(t_k))_{n \times m}$（$t_k = t_1, t_2, \cdots, t_p$），其中 $r_{ij}(t_k) = [r_{ij}^L(t_k), r_{ij}^U(t_k)] \in S$，$r_{ij}^L(t_k), r_{ij}^U(t_k)$ 为 t_k 阶段下决策者从语言集合 S

中选择用于表达第 i 个方案在第 j 个属性下的语言标度。

针对专家给出的 p 个阶段下不确定语言决策矩阵 $(r_{ij}(t_k))_{n \times m}$, $t_k = t_1$, t_2, $\cdots$, t_p, 多阶段语言决策信息需要得到科学、有效的集结, 进而对 n 个备选方案实现优选排序。上述问题的难点主要集中在以下两个方面：（1）由于存在不确定的决策信息, 如何选择合适且有效的综合指标以衡量方案的优劣表现；（2）如何确定各阶段权重, 并以此为抓手对多阶段决策信息进行有效集结。在现有研究成果的基础上, 本章基于多阶段 TOPSIS 方法, 提出了考虑决策方案信息特征的多阶段权重分析模型。

第二节　不确定语言信息下阶段权重测算模型研究

一　多阶段不确定语言动态贴近度测算

TOPSIS 方法也通常被称为无限逼近理想点决策法, 通过测算备选方案与决策问题的正、负理想方案之间的综合贴近度, 以确定方案绩效的优劣情况, 进而实现方案的优选排序。具体而言, 备选方案的综合贴近度越大, 表示方案越接近于最优理想方案。备选方案的综合贴近度越小, 表示方案越接近于最劣理想方案。现如今, TOPSIS 方法已经广泛应用于多属性群决策[1][2]、项目评价[3]、供应商选择[4]等诸多决策问题。

假设存在某个多阶段决策问题, 其中共存在 p 个不同阶段, 各阶段下对应的不确定语言信息决策矩阵为 $R(t_k) = (r_{ij}(t_k))_{n \times m}$, $(t_k = t_1$, t_2, $\cdots$, $t_p)$。另设 t_k 阶段决策工作的正、负理想方案[143], 分别为 $r(t_k)^+ = \{r_1(t_k)^+, r_2(t_k)^+, \cdots, r_m(t_k)^+\}$ 和 $r(t_k)^- = \{r_1(t_k)^-, r_2(t_k)^-, \cdots,$

①　Xu Z S. A method based on the dynamic weighted geometric aggregation operator for dynamic hybrid multi-attribute group decision making, International Journal of Uncertainty, Fuzziness and Knowledge-Based Systems, 2009, 17 (1).

②　Vandani B, Mousavi SM, Tavakkoli-Moghaddam R. Group decision making based on novel fuzzy modified TOPSIS method. Application Mathematical Modeling, 2011, 35 (9).

③　Awasthi A, Chauhan SS, Omrani H. Application of fuzzy TOPSIS in evaluating sustainable transportation systems. Expert Systems with Application, 2011, 38 (10).

④　Liao C N, Kao H P. An integrated fuzzy TOPSIS and MCGP approach to supplier selection in supply chain management. Expert Systems with Application, 2011, 38 (9).

$r_m(t_k)^-$ }，其中

$r_j(t_k)^+ = [\theta_l^+, \theta_u^+] = [\max_i(r_{ij}^L(t_k)), \max_i(r_{ij}^U(t_k))]$，$j = 1, 2, \cdots,$ m ;

$r_j(t_k)^- = [\theta_l^-, \theta_u^-] = [\min_i(r_{ij}^L(t_k)), \min_i(r_{ij}^U(t_k))]$，$j = 1,$ $2, \cdots, m$。

定义 2.4　令 t_k 阶段下评价属性的权重为 $w(t_k) = (w_1(t_k),$ $w_2(t_k), \cdots, w_m(t_k))^T$（决策者可以根据实际情况和主观经验得出，在此假设其已知），可以定义 t_k 阶段下方案 $i(i = 1, 2, \cdots, n)$ 与正、负理想方案之间的距离如下：

$$D_i(t_k)^+ = \sum_{j=1}^m d(r_{ij}(t_k), r_j(t_k)^+)w_j(t_k), D_i(t_k)^- = \sum_{j=1}^m d(r_{ij}(t_k),$$
$r_j(t_k)^-)w_j(t_k)$。

其中，$d(r_{ij}(t_k), r_j(t_k)^+)$ 和 $d(r_{ij}(t_k), r_j(t_k)^-)$ 可由公式（2.1）计算得到。

因此，第 t_k 阶段下备选方案 i 的综合贴近度 $D_i(t_k)$ 可以表示为：

$$D_i(t_k) = \frac{D_i(t_k)^-}{D_i(t_k)^+ + D_i(t_k)^-} \tag{2.2}$$

定义 2.5　令 $D_i(t_k)$ 为方案 i 在第 t_k 阶段下的综合贴近度，$\lambda(t_k)$ 为第 t_k 阶段的时间权重，则称

$$D_i = \sum_{k=1}^p D_i(t_k)\lambda(t_k) \tag{2.3}$$

为方案 i 的动态综合贴近度。

观察公式（2.3）不难发现，阶段权重 $\lambda(t_k)$ 直接影响多阶段决策结果，即备选方案的优劣排序。

二　基于综合贴近度最小差异的阶段权重测算模型

定义 2.6[147]　令 $\lambda(t_k)$ 为阶段权重，且满足 $\lambda(t_k) \geq 0(k = 1,$ $2, \cdots, p)$，$\sum_{k=1}^p \lambda(t_k) = 1$，则称 $\lambda(t_k)$ 的 orness 测度为 $orness(\lambda) =$ $\frac{1}{p-1}\sum_{k=1}^p (p-k)\lambda(t_k) = \gamma, 0 \leq \gamma \leq 1$。

对于多阶段决策问题中的时间序列，orness 测度结果体现了决策者对

评价阶段重要性的主观偏好程度。具体而言，决策者更加关注近期数据时，γ 取值越接近于 0；决策者较重视远期数据意味着 γ 取值越接近于 1；决策者对各评价阶段的重视程度相同，阶段权重为等权时，$\gamma = 0.5$[112]。文献 [105][112] 曾将 orness 测度表现为约束条件，以时间权重序列的方差最小为目标确定阶段权重。虽然此类方法具备自身优势且应用较广，但是在某些情形下便失去了实用效力。具体而言，如果仅根据时间序列自身特征确定时间权重，可能会出现备选方案的综合表现差异非常小，甚至在某些特殊情形下完全一致，无法呈现出区分效果。例如，针对某三阶段决策问题，若决策专家对两组备选方案在某评价属性下的综合表现打分，得到两组决策向量 $a_1 = \{1, 2, 3\}$ 和 $a_2 = \{1.5, 1.5, 3.1875\}$。根据文献 [105] 中的方法，若选取 orness 测度 $\gamma = 0.3$，则得到 3 个阶段权重为 $W = \{0.13, 0.33, 0.53\}$，两组备选方案的综合绩效完全相同，均为 $D_1 = D_2 = 2.34$，即无法对备选方案实现有效区分。因此，在实际的多阶段决策问题中，不仅需要考虑决策主体对近、远期动态数据的主观偏好，还应考虑各阶段方案评价信息的特征，综合考虑上述两个方面以达到科学、合理地确定时间权重的目的。

　　针对实际的多阶段决策问题，阶段权重的确定工作实际上是各评价阶段之间重要性的协调与妥协，需要兼顾决策方案在各阶段内评价结果的内在特征和分布特点。一方面，针对进入稳定发展期的项目，其实际绩效通常呈现出缓慢的量变发展规律，不易出现非预期、非常规突发事件的冲击和影响。因此，备选方案在各阶段下绩效变化通常趋于稳定，不易出现较大幅度的波动。然而，在实际多阶段决策过程中，由于各种主客观因素的影响，方案在各阶段下评价结果可能出现一定程度的变异，即存在评价值偏离实际表现的情况。因此，差异较大的阶段间权重偏差将严重影响决策工作的科学性，需要采取适当的方案阶段间差异控制手段以有效地消除决策误差。

　　另一方面，若方案在各阶段的实际表现的确存在较大差异，阶段权重可以看作各方案在各阶段内表现的一种内在均衡与协调。若忽略阶段权重的作用和影响，方案绩效在不同阶段之间存在过大的波动势必会增加决策的复杂性。换言之，若方案的阶段绩效变动过大，容易给决策者带来方案动态表现不稳定的直观印象，不利于实现决策寻优。

　　假设某方案在三个阶段的实际表现 $D_1(t_k)$ 为 (0.1, 0.9, 0.3)，若不考虑阶段权重的影响，则方案的阶段绩效方差 $\text{var}_1(D_1(t_k)) = 0.1156$，相邻阶段的偏差和为 0.4667；若将三个阶段的时间权重设置为 $(0.3, 0.2, 0.5)$，则方案阶段表现的方差减少为 $\text{var}_2(D_1(t_k)) = 0.0804$，相邻阶段的偏差和也缩减为 0.18。可以明显地看出，通过设置合理的阶段权重，可以控制方案在相邻阶段的绩效偏差，有效地减少方案阶段间的表现差异，在某种程度上有利于实现备选方案的快速择优和排序。

基于上述考虑，本章以相邻阶段间方案的综合贴近度偏差最小的原则，构建阶段权重确定模型，使得方案的综合动态绩效最大限度地符合其实际情况，并实现决策阶段之间的权衡和协调。据此，建立阶段权重测算模型M-2.1如下：

$$\min D = \sum_{i=1}^{n} \sum_{k=2}^{p} (D_i(t_k)\lambda(t_k) - D_i(t_{k-1})\lambda(t_{k-1}))^2$$

$$s.t. \begin{cases} orness(\lambda) = \dfrac{1}{p-1}\sum_{k=1}^{p}(p-k)\lambda(t_k) = \gamma, \ 0 \leq \gamma \leq 1 \\ \sum_{k=1}^{p}\lambda(t_k) = 1 \\ \lambda(t_k) = (\lambda(t_1), \lambda(t_2), \cdots, \lambda(t_k))^T \in H \\ 0 \leq \lambda(t_k) \leq 1 \end{cases}$$

$$(\text{M-2.1})$$

其中，D 为 n 个备选方案在相邻阶段间综合贴近度偏差之和；$D_i(t_k)$ 为第 i 方案在第 t_k 阶段内的综合贴近度，$\lambda(t_k)$ 为第 t_k 阶段的时间权重；H 为阶段权重的先验信息，$\lambda(t_k)$ 的先验阶段权重信息集合，即 $\lambda(t_k) = (\lambda(t_1), \lambda(t_2), \cdots, \lambda(t_k))^T \in H$。

具体而言，H 可以表现为以下 5 种形式[①]：1）弱序：$\{\lambda(t_i) \geq \lambda(t_j)\}$；2）严格序：$\{\lambda(t_i) - \lambda(t_j) \geq \alpha_i\}$；3）倍序：$\{\lambda(t_i) \geq \alpha_i\lambda(t_j)\}$；4）区间序：$\{\alpha_i \leq \lambda(t_i) \leq \alpha_i + \varepsilon_i\}$；5）差序：$\{\lambda(t_i) - \lambda(t_j) \geq \lambda(t_k) - \lambda(t_l)\}$，$j \neq k \neq l$，其中 α_i 和 ε_i 是非负常数。

一般而言，决策者可以根据其主观偏好确定 orness 测度 γ，$0 \leq \gamma \leq$

---

① Kim S H, Choi S H, Kim J K. An interactive procedure for multiple attribute group decision making with incomplete information: Range-based approach. European Journal of Operational Research, 1999, 118 (1).

1，若模型 M-2.1 的可行域非空，使用 Lingo 等软件求解非线性规划模型 M-2.1，可得 $\lambda(t_k)^* = (\lambda(t_1)^*, \lambda(t_2)^*, \cdots, \lambda(t_p)^*)^T$。若决策者对 $\lambda(t_k)$ 有非常严格的先验信息约束，可能导致 M-2.1 的可行域为空集，模型不存在最优解。此情形下，可以先移除 $\lambda(t_k) \in H$ 的先验约束，求解模型，将得到的结果与 H 进行对比，找出严重分歧之处并有针对性地适当修正。

第三节 多阶段不确定语言信息决策的拓展模型及参数分析

一 方案综合贴近度变动范围估算模型

语言评价信息存在一定的主观性和模糊性，基于语言变量的方案表现评价值也往往包含了一定的不确定性，这将给语言信息决策工作的科学性和实用性带来一定的风险。然而，上节设计的 M-2.1 并没有体现出决策过程的风险特征。本节在 M-2.1 的基础上，设计其拓展模型 M-2.2，以估算各备选方案表现的变动范围，能够在一定程度上控制和降低决策风险。假设根据 M-2.1 得到其最优解为 D^*，建立方案 i 综合贴近度的变动范围估算模型如下：

$$\min/\max D_i$$

$$s.t. \begin{cases} \sum_{i=1}^{n}\sum_{k=2}^{p}(D_i(t_k)\lambda(t_k) - D_i(t_{k-1})\lambda(t_{k-1}))^2 \leqslant (1+\zeta)D^* \\ \text{orness}(\lambda) = \dfrac{1}{p-1}\sum_{k=1}^{p}(p-k)\lambda(t_k) = \gamma, 0 \leqslant \gamma \leqslant 1 \\ \sum_{k=1}^{p}\lambda(t_k) = 1 \\ \lambda(t_k) = (\lambda(t_1), \lambda(t_2), \cdots, \lambda(t_k))^T \in H \\ 0 \leqslant \lambda(t_k) \leqslant 1 \end{cases}$$

$$(\text{M-2.2})$$

模型 M-2.2 将基础模型最优解 D^* 的变动程度 $\zeta(\zeta > 0)$ 表征为决策风险（一般可用百分比表示，如 10%，20% 等；其数值越大，决策的精度越小），并通过调整 $\zeta(\zeta > 0)$ 的数值估算方案 i 综合绩效 D_i 的波动范围。

模型 M-2.2 能够有效地反映各方案综合贴近度的波动所引起的决策风险。

定理 2.1　若基础模型 M-2.1 存在最优解，则拓展模型 M-2.2 必定存在最优解。

证明：令 D^* 为基础模型 M-2.1 的最优解，则表示 M-2.1 的可行域非空，且在 D^* 处，M-2.1 的所有约束条件必定成立。当 $D = D^*$ 时，至少存在一组 $\lambda(t_k)$ 满足拓展模型 M-2.2 的后四项约束条件。对比模型 M-2.1 和 M-2.2 不难发现，M-2.2 的第一个约束条件等价于 $D^* \leqslant D \leqslant (1 + \zeta)D^*$。因此，至少存在一组 $\lambda(t_k)$ 满足拓展模型 M-2.2 的所有约束条件，即 M-2.2 的可行域非空。

由于阶段权重 $\lambda(t_k) \in [0, 1]$，$\sum\limits_{k} \lambda(t_k) = 1$，且 t_k 阶段下方案 i 的综合贴近度 $D_i(t_k) \in [0, 1]$，则方案 i 的动态综合贴近度 $D_i = \sum\limits_{k=1}^{p} D_i(t_k)\lambda(t_k) \in [0, 1]$。综上，模型 M-2.2 必存在最优解。

二　不确定语言信息多阶段决策步骤

根据之前的分析，不确定语言信息下多阶段决策过程可大致分为以下 5 个步骤，决策流程图如图 2.1 所示。

步骤 1：决策主题根据其专业知识、实际经验和调研资料等主客观信息，从语言集合 S 中选择合适的语言标度对各备选方案在不同阶段内各属性下的具体表现进行评价，可以形成 p 个阶段的方案决策矩阵 $(r_{ij}(t_k))_{n \times m}$。

步骤 2：根据 $(r_{ij}(t_k))_{n \times m}$ 确定 p 阶段的正、负理想方案，并结合公式 (2.2) 计算各阶段下各方案的综合贴近度。

步骤 3：决策者给定认为合适的 orness 测度 γ，$0 \leqslant \gamma \leqslant 1$，以表征其对阶段权重的主观偏好，并建立基础模型 M-2.1 测算阶段权重 $\lambda(t_k)$。

步骤 4：结合公式 (2.3) 测算各备选方案的动态综合贴近度。

步骤 5：根据拓展模型 M-2.2，选择合适的风险误差项 ζ，测算各方案动态综合贴近度的变动范围，依据区间数的大小比较规则对备选方案进行优劣排序。

三　orness 测度参数分析

上述研究均基于主观给定的 orness 测度 γ 取值，目前已有相关文献

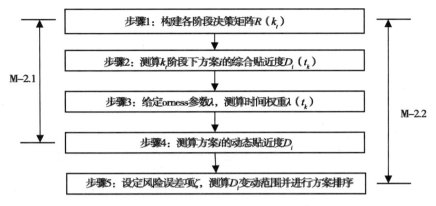

图 2.1　不确定时序语言信息下多阶段决策流程图

[149–150] 对其开展过研究。然而，在实际的多阶段决策问题中，一般难以确定 γ 的具体数值，仅凭决策专家的主观偏好得到的 orness 测度 γ 参数会在一定程度上增加决策风险及不确定性。因此，需要对 γ 的合理取值范围进行分析，在保证基础模型 M–2.1 所得的排序结果不变的前提下，测算 orness 测度 γ 的变动范围，为决策者提供科学的参考依据。

假设由基础模型 M–2.1 得到方案优先序为 $r(a_1, a_2, \cdots, a_n)$，$r \in R$，其中 R 为方案排序全集合，内含 $n! = n(n-1)\cdots2 \times 1$ 种排序结果。明显可知，排序结果 $r(a_1, a_2, \cdots, a_n)$ 是关于 $\lambda(t_k)(k = 1, 2, \cdots, p)$ 的函数，即 $r(a_1, a_2, \cdots, a_n) = f(\lambda(t_k))$。根据上述思想，建立 γ 的取值范围分析模型如下：

$$\max/\min \widetilde{\gamma} = \frac{1}{p-1}\sum_{k=1}^{p}(p-k)\lambda(t_k)$$

$$s.t.\begin{cases} r(a_1, a_2, \cdots, a_n) = f(\lambda(t_k)) \\ \min D = \sum_{i=1}^{n}\sum_{k=2}^{p}(D_i(t_k)\lambda(t_k) - D_i(t_{k-1})\lambda(t_{k-1}))^2 \\ s.t.\begin{cases} orness(\lambda) = \dfrac{1}{p-1}\sum_{k=1}^{p}(p-k)\lambda(t_k) = \gamma_0,\ 0 \leqslant \gamma_0 \leqslant 1 \\ \sum_{k=1}^{p}\lambda(t_k) = 1 \\ \lambda(t_k) = (\lambda(t_1), \lambda(t_2), \cdots, \lambda(t_k))^T \in H \\ 0 \leqslant \lambda(t_k) \leqslant 1 \end{cases} \end{cases}$$

$$(M-2.3)$$

其中，γ_0 表示主观 orness 参数的初始值，$\tilde{\gamma}$ 表示根据模型 M-2.1 中所得的方案排序 $r(a_1, a_2, \cdots, a_n)$ 所对应的 orness 测度的变动范围。

定理 2.2　若基础模型 M-2.1 存在最优解，拓展模型 M-2.3 必定存在最优解。

证明：若 M-2.1 存在最优解，则根据 M-2.1 的最优解必能够得到一组方案排序结果 $r(a_1, a_2, \cdots, a_n)$，且 $r(a_1, a_2, \cdots, a_n)$ 是 $\lambda(t_k)$ 的函数。因此，模型 M-2.3 的可行域存在且非空。在 M-2.1 取到最优解时，至少存在 1 个 orness 参数为模型 M-2.1 的可行解（$\tilde{\gamma} = \gamma_0$）。由于最优解 orness 参数 $\tilde{\gamma}$ 有界（$\tilde{\gamma} \in [0, 1]$），则模型 M-2.3 必存在最优解。

由定理 2.2 可知，决策者可以根据上述范围判断之前选取的 orness 测度参数 γ 是否合适，以达到控制评价结果和减少决策风险的目的。

第四节　应用研究

某大型房地产开发公司拟进驻华东地区的某个二线城市，根据前期市场调研和可行性分析，选定 5 个候选城市作为今后开发的候选目标。由于房地产开发项目涉及宏观政治、区域经济、社会文化等诸多方面的环境因素，此次投资决策过程包含一定的不确定性和模糊性，评价指标体系包含政治环境、经济环境、财务环境、行政环境、市场环境、技术条件、物质基础、法律环境和自然环境①9 大因素。

决策者使用定义 2.2 中列举的 9 维度不确定语言标度（$g = 4$）对 5 个候选城市在 2004 年、2005 年和 2006 年年度内的房地产投资环境进行评估。评估工作以上述 3 年的相关数据为基础开展多阶段决策工作，以衡量候选城市的综合表现，为今后做出有效的投资决策提供科学依据。其中，采用的 9 维度集为：$S = \{ s_{-4} = $ 极差，$s_{-3} = $ 很差，$s_{-2} = $ 差，$s_{-1} = $ 稍差，$s_0 = $ 一般，$s_1 = $ 稍好，$s_2 = $ 好，$s_3 = $ 很好，$s_4 = $ 极好$\}$。本算例涉及背景数据均来自文献 [5]。

---

① 李随成、陈敬东、赵海刚：《定性决策指标体系评价研究》，《系统工程理论与实践》2001 年第 9 期。

一　决策过程及结果

步骤 1：根据市场调研结果和专家主观经验，决策者分别给出 3 个阶段（2004—2006 年）的不确定语言决策矩阵 $R^t = (r_{ij}(t_k))_{5\times9}$，$k = 1$，2，3 如下：

$$R^1 = \begin{bmatrix}
[s_1,s_2] & [s_2,s_3] & [s_1,s_2] & [s_2,s_3] & [s_0,s_1] & [s_2,s_3] & [s_{-1},s_2] & [s_2,s_3] & [s_2,s_3] \\
[s_0,s_3] & [s_{-1},s_1] & [s_2,s_3] & [s_0,s_1] & [s_2,s_4] & [s_2,s_3] & [s_2,s_3] & [s_3,s_4] & [s_1,s_2] \\
[s_0,s_1] & [s_0,s_2] & [s_1,s_2] & [s_0,s_1] & [s_1,s_3] & [s_0,s_2] & [s_2,s_3] & [s_2,s_3] & [s_1,s_2] \\
[s_0,s_1] & [s_2,s_3] & [s_1,s_2] & [s_2,s_3] & [s_0,s_2] & [s_0,s_2] & [s_3,s_4] & [s_1,s_3] & [s_0,s_2] \\
[s_0,s_1] & [s_0,s_3] & [s_1,s_4] & [s_1,s_2] & [s_1,s_4] & [s_1,s_2] & [s_0,s_1] & [s_0,s_2] & [s_2,s_3]
\end{bmatrix} ;$$

$$R^2 = \begin{bmatrix}
[s_1,s_3] & [s_0,s_2] & [s_1,s_2] & [s_2,s_3] & [s_0,s_1] & [s_1,s_3] & [s_2,s_3] & [s_1,s_3] & [s_2,s_4] \\
[s_1,s_2] & [s_{-1},s_1] & [s_1,s_2] & [s_{-1},s_0] & [s_1,s_2] & [s_2,s_3] & [s_2,s_4] & [s_1,s_3] & [s_1,s_2] \\
[s_2,s_3] & [s_{-2},s_{-1}] & [s_1,s_3] & [s_2,s_4] & [s_1,s_2] & [s_{-1},s_1] & [s_0,s_2] & [s_1,s_3] & [s_1,s_2] \\
[s_{-2},s_1] & [s_1,s_3] & [s_2,s_4] & [s_1,s_2] & [s_2,s_3] & [s_3,s_4] & [s_1,s_3] & [s_{-1},s_1] & [s_2,s_3] \\
[s_{-1},s_0] & [s_1,s_2] & [s_0,s_2] & [s_1,s_3] & [s_2,s_4] & [s_2,s_4] & [s_{-2},s_1] & [s_1,s_2] & [s_0,s_1]
\end{bmatrix} ;$$

$$R^3 = \begin{bmatrix}
[s_2,s_3] & [s_2,s_4] & [s_1,s_2] & [s_3,s_4] & [s_0,s_2] & [s_3,s_4] & [s_2,s_3] & [s_2,s_4] & [s_1,s_3] \\
[s_2,s_4] & [s_{-1},s_1] & [s_0,s_3] & [s_1,s_4] & [s_3,s_4] & [s_1,s_2] & [s_2,s_3] & [s_3,s_4] & [s_0,s_1] \\
[s_1,s_2] & [s_2,s_3] & [s_1,s_3] & [s_0,s_1] & [s_2,s_3] & [s_1,s_3] & [s_3,s_4] & [s_2,s_3] & [s_1,s_2] \\
[s_1,s_2] & [s_2,s_4] & [s_2,s_3] & [s_1,s_3] & [s_1,s_3] & [s_1,s_3] & [s_3,s_4] & [s_1,s_3] & [s_0,s_2] \\
[s_0,s_1] & [s_1,s_2] & [s_2,s_4] & [s_2,s_3] & [s_3,s_4] & [s_2,s_3] & [s_{-2},s_0] & [s_0,s_2] & [s_1,s_2]
\end{bmatrix} 。$$

步骤 2：分别确定 3 个阶段评价工作的正、负理想方案和方案的阶段贴近度。

参照 TOPSIS 方法针对效益型指标的处理方式，可得各阶段下评价工作的正、负理想方案如下：

第 1 阶段正理想方案 $r(t_1)^+ = \{[s_1, s_3], [s_2, s_3], [s_2, s_4], [s_2, s_3], [s_2, s_4], [s_2, s_3], [s_3, s_4], [s_3, s_4], [s_2, s_3]\}$；

第 1 阶段负理想方案 $r(t_1)^- = \{[s_0, s_1], [s_{-1}, s_1], [s_1, s_2], [s_0, s_1], [s_0, s_1], [s_0, s_2], [s_{-1}, s_1], [s_0, s_2], [s_0, s_2]\}$；

第 2 阶段正理想方案 $r(t_2)^+ = \{[s_2, s_3], [s_1, s_3], [s_2, s_4], [s_2, s_4], [s_2, s_3], [s_3, s_4], [s_2, s_4], [s_1, s_3], [s_2, s_4]\}$；

第 2 阶段负理想方案 $r(t_2)^- = \{[s_{-2}, s_0], [s_{-2}, s_{-1}], [s_0, s_2], [s_{-1}, s_0], [s_0, s_1], [s_{-1}, s_1], [s_{-2}, s_1], [s_{-1}, s_1], [s_0, s_1]\}$；

第 3 阶段正理想方案 $r(t_3)^+ = \{[s_2, s_4], [s_2, s_4], [s_2, s_4], [s_3,$

s_4], [s_3, s_4], [s_3, s_4], [s_3, s_4], [s_3, s_4], [s_1, s_3]}；

第 3 阶段负理想方案为 $r(t_3)^- =$ {[s_0, s_1], [s_{-1}, s_1], [s_0, s_2], [s_0, s_1], [s_0, s_2], [s_1, s_2], [s_{-2}, s_0], [s_0, s_2], [s_0, s_1]}。

假设通过头脑风暴法等方法得到各阶段的属性权重为 $w(t_k) = (w_1(t_k)$, $w_2(t_k)$, $\cdots$, $w_m(t_k))^T$，如表 2.1 所示。

表 2.1　　　　　　　　　　　属性权重 $w(t_k)$

$w_i(t_k)$	$w_1(t_k)$	$w_2(t_k)$	$w_3(t_k)$	$w_4(t_k)$	$w_5(t_k)$	$w_6(t_k)$	$w_7(t_k)$	$w_8(t_k)$	$w_9(t_k)$
$k=1$	0.12	0.15	0.1	0.08	0.1	0.14	0.13	0.05	0.13
$k=2$	0.1	0.16	0.1	0.07	0.11	0.15	0.13	0.06	0.12
$k=3$	0.08	0.18	0.11	0.06	0.12	0.16	0.12	0.07	0.1

根据定义 2.4，可计算得到各阶段下各备选方案与正、负理想方案之间的综合贴近度 $D_i(t_k)$($i = 1$, 2, $\cdots$, 5, $k = 1$, 2, 3) 如下：

$D_1(t_1) = 0.5714$，$D_2(t_1) = 0.5690$，$D_3(t_1) = 0.3643$，$D_4(t_1) = 0.5524$，$D_5(t_1) = 0.4452$，

$D_1(t_2) = 0.6857$，$D_2(t_2) = 0.5782$，$D_3(t_2) = 0.4269$，$D_4(t_2) = 0.7597$，$D_5(t_2) = 0.4924$，

$D_1(t_3) = 0.7486$，$D_2(t_3) = 0.4838$，$D_3(t_3) = 0.6267$，$D_4(t_3) = 0.6743$，$D_5(t_3) = 0.4457$。

步骤 3：分别选取 orness 测度参数 γ 为 0.3、0.5、0.7，设权重初始信息集为 {$\lambda(t_k) \geqslant 0.1$, $k = 1$, 2, 3}，构建并求解基础模型如下，可以得到阶段权重 $\lambda(t_k)^*$，如表 2.2 所示。

$$\min D = \sum_{i=1}^{5} \sum_{k=2}^{3} (D_i(t_k)\lambda(t_k) - D_i(t_{k-1})\lambda(t_{k-1}))^2$$

$$s.t. \begin{cases} \text{orness}(\lambda) = \dfrac{1}{3-1}\sum_{k=1}^{3}(p-k)\lambda(t_k) = 0.3(0.5, 0.7) \\ \sum_{k=1}^{3}\lambda(t_k) = 1 \\ (\lambda(t_1), \lambda(t_2), \lambda(t_3))^T \in H \\ 0 \leqslant \lambda(t_k) \leqslant 1 \end{cases}$$

表 2.2　　　　　　　　　　不同 γ 下时间权重数据表

$\lambda(t_k)^*$	$\lambda(t_1)^*$	$\lambda(t_2)^*$	$\lambda(t_3)^*$
$\gamma = 0.3$	0.1347	0.3306	0.5347
$\gamma = 0.5$	0.3419	0.3162	0.3419
$\gamma = 0.7$	0.5491	0.3018	0.1491

从表 2.2 所示结果可以看出，决策专家可以通过选择不同的 orness 测度参数 γ，以反映其对各个决策阶段的主观偏好。从模型 M-2.1 的结果可以看出，orness 测度参数 γ 越小，决策专家越看重近期数据，近期阶段的时间权重越大；反之亦然。

步骤 4：根据基础模型 M-2.1 的最优解 $\lambda(t_k)^*$，结合公式（2.3）可测算得到各阶段下方案的动态综合贴近度 D_i，如表 2.3 所示。

表 2.3　　　　　　　　不同 γ 下方案动态综合贴近度 D_i

D_i	D_1	D_2	D_3	D_4	D_5
$\gamma = 0.3$	0.7039	0.5265	0.5253	0.6861	0.4611
$\gamma = 0.5$	0.6681	0.5428	0.4738	0.6596	0.4603
$\gamma = 0.7$	0.6323	0.5591	0.4223	0.6331	0.4596

步骤 5：参照拓展模型 M-2.2 的形式设计模型如下，设定决策风险参量 $\zeta = 0.3$，测算得到各方案动态综合贴近度 D_i 的变动范围，如表 2.4 所示。

$$\min/\max D_i$$

$$s.t. \begin{cases} \sum_{i=1}^{5}\sum_{k=2}^{3}\left(D_i(t_k)\lambda(t_k) - D_i(t_{k-1})\lambda(t_{k-1})\right)^2 \leqslant (1+0.3)D^* \\ \text{orness}(\lambda) = \dfrac{1}{3-1}\sum_{k=1}^{3}(3-k)\lambda(t_k) = 0.3(0.5, 0.7) \\ \sum_{k=1}^{3}\lambda(t_k) = 1 \\ \lambda(t_k) = (\lambda(t_1), \lambda(t_2), \lambda(t_3))^T \in H \\ 0 \leqslant \lambda(t_k) \leqslant 1 \end{cases}$$

表 2.4　　　　　　　　　　　D_i 变动范围表（$\zeta = 0.3$）

γ	0.3	0.5	0.7
a_1	[0.7018, 0.7057]	[0.6676, 0.6687]	[0.6308, 0.6339]
a_2	[0.5222, 0.5301]	[0.5417, 0.5439]	[0.5559, 0.5622]
a_3	[0.5205, 0.5310]	[0.4724, 0.4753]	[0.4182, 0.4265]
a_4	[0.6740, 0.6963]	[0.6565, 0.6627]	[0.6243, 0.6420]
a_5	[0.4572, 0.4643]	[0.4593, 0.4613]	[0.4567, 0.4624]

由表 2.4 所列结果可以看出，当决策风险参量 $\zeta = 0.3$ 时，即相邻阶段间综合贴近度在其最优值的正负 30% 范围内变动时，在不同的 γ 水平下，均可测算出各方案多阶段综合绩效 D_i 的取值范围，这在一定程度上体现了不确定语言信息决策的风险特性。根据区间数排序的可能度方法（具体可见文献 [152] ）可得各方案的排序结果，即 $\gamma = 0.3$ 和 0.5 时，方案排序为 $a_1 > a_4 > a_2 > a_3 > a_5$；$\gamma = 0.7$ 时，方案排序为 $a_4 > a_1 > a_2 > a_5 > a_3$。明显可知，依据表 2.3 和表 2.4 中数据的排序结果相同，此结果也验证了本书对方案动态贴近度范围估算的合理性。

二　结果分析与方法比较

将上节应用结果与文献 [5] 的方法进行对比，可以得出以下结论。

①如果决策专家比较重视近期数据，即选取较小的 orness 测度参数 γ 值（如 $\gamma = 0.3$ 和 0.5），本章所得的方案排序结果与文献 [5] 的排序结果完全一致，最优方案也不谋而合（即 a_1 为最优方案），这在一定程度上验证了本章方法的合理性。

②当 orness 测度参数 γ 值较大（例如 $\gamma = 0.7$）时，本章得到的方案排序结果与文献 [5] 的结果有所差异，选优结果也明显不同（即本章方法得到最优方案为 a_4，文献 [5] 确定的最优方案为 a_1）。这是由于方案 a_4 远期的表现数据优于近期表现，而方案 a_1 却与此恰好相反。当决策者较看中远期阶段数据时，方案 a_4 的多阶段综合表现便会随之得到相应提升。因此，本章设计的多阶段决策方法能够较灵敏地反映出决策主体对时间权重偏好的变化情况，决策者对阶段数据的不同偏好使备选方案的综合贴近度随之发生改变，进而影响方案的排序结果。

③本章方法进一步分析了方案多阶段综合贴近度的可能分布范围，参

照此范围（区间数比较）可进一步甄别备选方案的优劣，这是突破之前文献研究的一个重要体现。

根据上述分析可以发现，orness 测度参数 γ 的取值至关重要，直接影响了方案优选排序结果和最优方案的选择。下面分析其取值范围与排序结果之间的关系，可供修正模型 M-2.1 和 M-2.2 时参考。

根据模型 M-2.1 可确定备选方案的一个优先排序。由上述计算结果可知，当 $\gamma = 0.3$ 时，方案排序结果为 $r(a_1, a_2, \cdots, a_n) = \{a_1 > a_4 > a_2 > a_3 > a_5\}$，即 $D_1 > D_4 > D_2 > D_3 > D_5$。根据设计并求解模型 M-2.3，可以测得此方案排序结果下的 orness 测度参数 γ 变动范围为 $\tilde{\gamma} \in [0.2838, 0.6470]$。而当 $\gamma = 0.7$ 时，方案排序结果为 $r(a_1, a_2, \cdots, a_n) = \{a_4 > a_1 > a_2 > a_5 > a_3\}$，即 $D_4 > D_1 > D_2 > D_5 > D_3$。明显看出，如果突破上述 $\tilde{\gamma}$ 的范围，方案排序结果将会发生变化。因此，决策者可以参考该结论确定 γ 的取值，以控制决策风险。

第五节　本章小结

由于决策信息的不确定性、外部环境的复杂性、决策者对于评价阶段的主观偏好等原因，多阶段决策工作不易科学、有效地测算得到各阶段权重，进而可能影响备选方案的最终排序结果。查阅国内外相关文献发现，多阶段决策领域的相关研究尚有广阔的研究价值。本章研究了一类不确定语言信息下多阶段决策问题，在综合考虑各阶段下决策信息特征和主观时序偏好的基础上，设计了一类基于 TOPSIS 分析思路的多阶段语言决策信息集结模型。该模型结合 TOPSIS 研究思想，利用方案与正、负理想方案之间的距离测度公式将不确定语言信息表征为综合贴近度，以衡量方案的综合绩效；根据各阶段下方案的决策矩阵和阶段权重偏好等信息，以相邻阶段间的综合贴近度最小为原则，构建目标规划模型以确定各阶段权重，进而对备选方案实现多阶段优选排序；以上述模型为基础进行扩展研究，分别分析了方案综合表现的变动范围以及方案排序结果下 orness 参数 γ 的波动情况，为复杂环境下的多阶段决策问题提供理论参考。

第三章

基于前景理论的多阶段随机多准则语言决策方法

在不确定性决策问题中，决策者的风险态度和偏好往往会影响到决策的选优过程。在多阶段情形下，决策者的风险偏好会随着决策阶段的推进而发生变化，从而影响评价对象整个周期的绩效水平。前景理论在不确定风险型决策问题中得到广泛应用，为处理不确定决策评价问题提供了一个新的思路。本章将前景理论拓展至多阶段决策问题之中，研究一种基于动态参考点的多阶段随机多准则语言决策方法。具体而言，考虑多阶段决策过程中决策者的风险偏好，建立了基于前景理论的多阶段随机多准则语言决策分析框架，提出了一种基于阶段发展特征的动态语言参考点设置方法；构建评价准则权重的规划模型，结合阶段语言参考点动态变化的特征测算各阶段备选方案的综合语言前景价值；设计方案综合语言前景价值的范围估算模型，以反映决策风险对评价结果的影响；案例研究验证了本章方法的可行性和实际效果。

第一节 问题描述及预备知识

一 问题描述

随机多准则决策是一类处理不确定准则状态下多准则方案排序选优方法，是决策领域的一个重要分支。在当今许多实际决策问题中，决策者的风险偏好和态度已经成为影响决策结果的一个关键因素。前景理论[39]为处理不确定性决策问题提供一个新的解决思路，已经广泛应用于金融、投资以及销售等诸多领域。根据文献检索结果，前景理论在单阶段随机多准则决策领域中的应用较多。其中，在参考点的设置问题上通常采用决策者给定①②、语言集的中间点③④、参考备选方案⑤等多种分析思路，这些方法能较好地解决单一阶段下的随机多准则决策问题。

在多阶段决策问题中，决策主体在时间维度上面临着更多的不确定性和风险因素，如多阶段决策信息的有效集成、决策者风险态度的变化、群体意见的冲突和协调等。在多阶段随机决策问题中，决策者的风险态度容易随着阶段变化而发生一定的波动，这通常会引起各阶段的参考水平发生变化。若将单阶段参考点的设置方法简单地应用在多阶段决策问题中，参考点便无法体现方案在多阶段下的发展情况以及参考水平的变化，难以科学地反映方案的动态发展态势和多阶段决策问题的特征。

此外，语言信息能够通过一定的规则转化为三角模糊数，表述简单且便于操作。基于上述考虑，本章将评价语言信息转化为三角模糊数，研究前景理论框架下的多阶段随机语言决策方法。具体而言，考虑方案绩效的阶段发展速度，设计各阶段的动态语言参考点，综合横向和纵向两个角度体现方案的参考水平，依据前景理论得到方案的动态语言前景价值；在此基础上构建规划模型测算各阶段的准则权重，并设计了各方案动态语言前景价值的范围估算模型，集结多阶段决策信息，最终实现对备选方案的优选决策。

二　预备知识

（1）语言变量转化三角模糊数

基于扩展原理可以将语言变量转化为三角模糊数，并依据三角模糊数

---

①　胡军华、陈晓红、刘咏梅：《基于语言评价和前景理论的多准则决策方法》，《控制与决策》2009 年第 10 期。

②　Hu J H, Yang L. Dynamic stochastic multi-criteria decision making method based on cumulative prospect theory and set pair analysis. Systems Engineering Procedia, 2011, 1.

③　刘培德：《一种基于前景理论的不确定语言变量风险型多属性决策方法》，《控制与决策》2011 年第 6 期。

④　Liu P D, Jin F, Zhang X. Research on the multi-attribute decision-making under risk with interval probability based on prospect theory and the uncertain linguistic variables. Knowledge-based Systems, 2011, 24 (4).

⑤　王坚强、周玲：《基于前景理论的灰数随机多准则决策方法》，《系统工程理论与实践》2010 年第 9 期。

的计算规则进行计算。设语言变量集为 $S = \{s_\alpha \mid \alpha = 0, 1, \cdots, g, g > 0\}$，语言标度总数记为 $G(G = g + 1)$，标度序号记为 $\alpha(\alpha = 0, 1, 2, \cdots, g)$，则语言变量 s_α 对应的三角模糊数记为 a^α，则

$$a^\alpha = (\max(r - tl, 0), r, \min(r + tl, 1))$$

其中，$l = 1/(2(Q - 2))$，$r = \min(\max((2(\alpha + 1) - 3)l, 0), 1)$，$t$ 通常取整数，且 $t \geqslant 1$[157]。

（2）三角模糊数定义及运算规则

定义 3.1① 一个三角模糊数 $a = [a^l, a^m, a^u]$，其中 $0 < a^l \leqslant a^m \leqslant a^u$，其隶属函数为

$$\mu_a(x) = \begin{cases} \dfrac{x - a^l}{a^m - a^l}, & a^l \leqslant x \leqslant a^m; \\[2mm] \dfrac{x - a^u}{a^m - a^u}, & a^m \leqslant x \leqslant a^u; \\[2mm] 0, & \text{其他} \end{cases}$$

三角模糊数的运算规则如下[158]：

设 $a = [a^l, a^m, a^u]$，$b = [b^l, b^m, b^u]$ 为两个三角模糊数，则：

1）加法：$a + b = [a^l, a^m, a^u] + [b^l, b^m, b^u] = [a^l + b^l, a^m + b^m, a^u + b^u]$；

2）减法：$a - b = [a^l, a^m, a^u] - [b^l, b^m, b^u] = [a^l - b^u, a^m + b^m, a^u - b^l]$；

3）乘法：$a \times b = [a^l, a^m, a^u] \times [b^l, b^m, b^u] = [a^l b^l, a^m b^m, a^u b^u]$；

4）倒数：$\dfrac{1}{a} = \left[\dfrac{1}{a^u}, \dfrac{1}{a^m}, \dfrac{1}{a^l}\right]$；

5）数乘：$\lambda a = [\lambda a^l, \lambda a^m, \lambda a^u]$，$\lambda \geqslant 0$；

6）距离公式：设 $a = [a^l, a^m, a^u]$，$b = [b^l, b^m, b^u]$ 为任意两个三角模糊数，则称

$$d(a, b) = \sqrt{\dfrac{1}{3}[(a^l - b^l)^2 + (a^m - b^m)^2 + (a^u - b^u)^2]} \quad (3.1)$$

---

① Van Laarhoven P J M, Pedrycz W. A fuzzy extension of Saaty's priority theory. Fuzzy Sets and Systems, 1993, 11 (1-3).

为两个三角模糊数之间的距离[159]；

7）比较大小：可以通过计算可能度的方法来比较三角模糊数的大小，可能度公式①②如下：

$$P(b \geqslant a) = \begin{cases} \dfrac{a^l - b^u}{(b^m - b^u) - (a^m - a^l)}, & a^l \leqslant b^u \\ 1, & b^m \geqslant a^m \\ 0, & 其他 \end{cases} \tag{3.2}$$

公式（3.2）在用于比较数量较多的三角模糊数时，会存在信息丢失的情况。然而本章中主要用于比较两个三角模糊数的大小，则这种信息丢失的情况对本章方法影响较小。对于两个三角模糊数 a 和 b，若 $P(a \geqslant b) \geqslant P(b \geqslant a)$，则认为 $a \geqslant b$；若 $P(a \geqslant b) \leqslant P(b \geqslant a)$，则 $a \leqslant b$[160]。

（3）前景理论及含义

前景理论认为，个体通过前景价值用于评估不确定条件下的决策结果，而前景价值是由价值函数和决策权重函数共同决定的[39]，即

$$V = \sum_k \boldsymbol{\pi}(p_k) v(\triangle x_k) \tag{3.3}$$

其中 V 为方案的前景价值；p_k 表示方案在第 k 个状态下可能发生的概率；$\boldsymbol{\pi}(p_k)$ 是对应概率 p_k 的概率权重函数，可以表示为一类关于概率评价的单调递增函数；$v(\triangle x_k)$ 是一类价值函数，用于表征决策者经过方案对比和主观感受进而感知形成的价值。特沃斯基等给出了幂函数形式的价值函数如下[40]：

$$v(\triangle x) = \begin{cases} (\triangle x)^\alpha, & \triangle x \geqslant 0 \\ -\theta(-\triangle x)^\beta, & \triangle x < 0 \end{cases} \tag{3.4}$$

前景理论认为个体在做出决策时，不仅考虑最终的财富水平，更看重相对于某个参考点处财富的收益与损失。在公式（3.4）中，$\triangle x$ 是财富 x 偏离某个参考点 x_0 的程度。当财富超过参考点（即 $\triangle x \geqslant 0$）时，$\triangle x$ 被定义为收益；当财富低于参考点（即 $\triangle x < 0$）时，$\triangle x$ 被定义为损失。价

① Chang DY. Applications of the extent analysis method on fuzzy AHP. European Journal of Operational Research, 1996, 95 (3).

② Zhu K J, Jing Y, Chang D Y. A discussion on extent analysis method and application of fuzzy AHP. European Journal of Operational Research, 1999, 116 (2).

值函数的形式如图 3.1 所示。α 和 β 分别为收益和损失区域价值幂函数的凹、凸程度，其中 $0 < \alpha < 1$ 和 $0 < \beta < 1$ 表示敏感性递减。θ 为损失区域比收益区域更陡的特征，$\theta > 1$ 表示损失厌恶。卡尼曼等经过研究表明 $\alpha = \beta = 0.88$，$\theta = 2.25$ 与经验数据较为一致[40]。

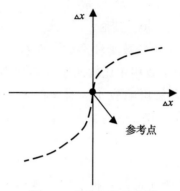

图 3.1　价值函数示意图

特沃斯基等人认为，概率权重 π 是决策主体通过分析事件可能出现的结果及其对应的概率 p，进而得到对于可能性的某种主观判断。因此，概率权重 π 不是某一事件发生的概率，也不是某一事件发生概率的线性函数，而是一类关于概率的单调递增函数，结合对数函数形式的概率权重函数可表示如下[40]：

$$\pi(p) = \begin{cases} p^{\gamma}/(p^{\gamma} + (1-p)^{\gamma})^{1/\gamma}, & \Delta x \geq 0 \\ p^{\delta}/(p^{\delta} + (1-p)^{\delta})^{1/\delta}, & \Delta x < 0 \end{cases} \qquad (3.5)$$

当 p 很小时，$\pi(p) > p$，说明决策者会高估小概率事件；当 p 很大时，$\pi(p) < p$，说明决策者忽视了概率很大的事件。其中 γ 为风险收益态度系数，δ 为风险损失态度系数。概率权重函数表现如图 3.2 所示。经过实验论证，特沃斯基等人认为 $\gamma = 0.61$，$\delta = 0.72$[40]。

前景价值思想在多准则决策领域的应用非常广泛，尤其是随机多准则决策领域方面。然而基于前景理论的多阶段随机多准则决策方法研究甚少，尤其是动态参考点的设置问题仍有较大的研究前景。因此，本章提出了一类动态参考点的分析思路，并以此为基础研究多阶段随机多准则决策问题。

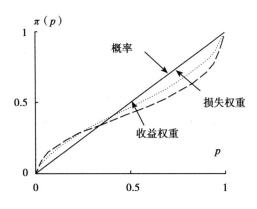

图 3.2　概率权重函数示意图

第二节　动态语言参考点设置方法

在多阶段多准则语言决策问题中，为了能够反映决策者在不同阶段的风险偏好对决策过程的影响，本章参照前景理论的思想，利用各备选方案的综合语言前景价值以表征其综合绩效。本问题的关键在于如何在多阶段动态决策特征的基础上选择合适的参考点，使其能够合理地反映方案表现的阶段发展特征，为计算各方案的语言前景价值提供一个科学的参考标准。

设 $A = \{a_1, a_2, \cdots, a_m\}$ 表示备选方案集，这些方案存在于 l 个决策阶段中。设 $C = \{c_1, c_2, \cdots, c_n\}$ 为准则集，$w^t = (w_1^t, w_2^t, \cdots, w_n^t)^T$ 为 t 时段的准则权重向量，且满足 $w_j^t \geq 0$（$j = 1, 2, \cdots, n$），$\sum_{j=1}^{n} w_j^t = 1$；$X^t = (x_{ijk}^t)_{m \times n}$（$t = 1, 2, \cdots, l$）为 l 个评价阶段的语言决策矩阵，其中，x_{ijk}^t 代表 t 阶段第 i 个方案第 j 个准则在第 k 个状态下的语言评价值，通过转化以三角模糊数形式表示。

根据前景理论的思想，决策者的评估结果主要关注方案表现相对于某个参考水平的收益或损失。然而参考点的设计不能仅仅依靠决策者的主观偏好和心理状态等主观因素，尤其是对于较复杂的决策问题，由于其中可能涉及一些专业技术准则或包含着复杂的环境因素，决策者仅凭主观意见难以确定科学、可靠的参考水平。因此，许多学者从挖掘决策信息的角度以确定决策参考点。从现有文献来看，目前决策参考点的设置思路主要有传统的零点、均值、正负理想方案、其他备选方案等。然而，现有参考点的选取方法大多是建立在单阶段信息的基础上，并没有考虑多阶段决策特征变化引起参考点的动态变化情况。对多阶段决策问题而言，各阶段参考点的设置方法应全面顾及所有阶段的决策信息，并充分考虑各准则下决策信息的阶段变化情况及其对参考点的影响关系。

在实际的多阶段多准则决策问题中，方案在各准则下的表现会随着时间的推进而动态变化。在设定各阶段参考点时，不仅要考虑到单阶段下方案之间的横向比较，还应考虑到各方案的纵向变化规律间的比较，否则不足以反映方案动态发展态势及动态前景价值。在极端情况下，仅考虑单阶段下方案的横向比较来设置参考点会出现方案前景价值无法区分的结果。例如，存在两个销售方案 a_1 和 a_2，在三个阶段所获取的财富值 $X^t = \{x_i^t\}^T (i = 1, 2; t = 1, 2, 3)$，如表 3.1 所示。

表 3.1　　仅考虑横向比较而确定参考点时的方案前景价值

变量数值 / 方案	X^1	X^2	X^3	总财富	v^1（以均值为参考点）	v^2（以最优方案为参考点）	v^3（以最劣方案为参考点）
方案 a_1	50	100	150	300	−11.54	−38.23	16.98
方案 a_2	50	75	175	300	−11.54	−38.23	16.98

假设每个阶段以两个方案财富均值即（50，87.5，162.5）为参考点，则依据前景价值公式（3.3）和价值函数公式（3.4）可计算每个方案的各阶段前景价值之和 v^1，如表中所示（为简化描述，假设阶段权重相同且 $p_k = 1$。本例中数据可扩展到 $0 < p_k < 1$ 情形，结果相同）。同理，分别以最优方案和最劣方案为参考点，计算可得各阶段前景价值之和为 v^2 和 v^3。

由表 3.1 数据可以看出，无论是从总财富值数据还是从三种参考点下的前景价值来判断，都无法反映方案的阶段增长态势，从而无法体现方案之间的优劣关系，尤其在特殊数据情况下，方案前景价值会无法区分。因此，决策者需要在多阶段决策问题中综合考虑各准则下方案绩效的动态发展情况，以便能够挖掘方案的阶段综合前景价值，达到较好的决策效果。

方案绩效的动态发展效果往往体现在与上一阶段的比较过程中。考虑到均值计算简便，并且能够直观反映方案相对于平均水平的收益与损失，本书用各方案在各状态下准则信息的期望均值的发展速度来反映方案的动态变化特征，如定义 3.2 所示。

定义 3.2　称 $\overline{s}_j\left(\dfrac{\overline{r_j^l}}{\overline{r_j^1}}\right)^{\frac{1}{l-1}}$ 为第 j 个准则下的方案平均发展速度，$s_j^t = \dfrac{\overline{r_j^t}}{\overline{r_j^{t-1}}}$

为方案第 j 个准则在第 t 阶段的发展速度（$t = 2,\ 3,\ \cdots,\ l$），其中，$\overline{r_j^t} = \dfrac{1}{m}\displaystyle\sum_{i=1}^{m}\sum_{k}^{q_j} r_{ijk}^t p_{jk}^t$ 为各方案第 j 个准则值的期望的算术平均数，q_j 为第 j 个准则下的状态数。

由于备选方案面临相似的宏观环境和外部发展态势，相邻时期间各方案绩效的发展速度之间往往同样存在着对比和比较，这种现象直接影响着方案的最终绩效表现。在多阶段决策过程中，若外部宏观环境没有发生较大变化，则方案的综合表现会以相似的发展速度平稳发展。若某阶段准则值的发展速度大于平均发展速度，则说明该阶段的方案绩效存在较大的突破，本阶段的前景价值应得到相应的提高，以体现该阶段下各方案的发展优势。在各方案实际绩效确定的情况下，应通过参考点的科学设置来实现前景价值的改善；反之亦然。

定义 3.3　称 r_j^t 为第 j 个准则在第 t 阶段的动态参考点，h^t 为第 t 阶段下参考点的设置系数，r_j^t 满足如下公式：

$$r_j^t = \begin{cases} \overline{r_j^t}, & t = 1 \\ \overline{r_j^t} + h^t\,\overline{r_j^{t-1}}, & t = 2,\ 3,\ \cdots,\ l \end{cases} \tag{3.6}$$

其中，$h^t = sign\ (\overline{s} - s_j^t)\ d\ (\overline{s},\ s_j^t)$ 且 $sign\ (\overline{s} - s_j^t) = \begin{cases} 1, & P\ (\overline{s} \geq s_j^t)\ \geq P\ (s_j^t \geq \overline{s}) \\ -1, & P\ (\overline{s} \geq s_j^t)\ < P\ (s_j^t \geq \overline{s}) \end{cases}$，$d\ (\overline{s},\ s_j^t)$ 是根据公式（3.1）计算的 $\overline{s}$ 和 s_j^t 的距离，$P\ (\cdot)$ 表示由公式（3.2）计算得到的可能度。需要说明的是，不同的可能度公式用于本章中，动态参考点的数据结果可能存在差异。然而只要 $d\ (\overline{s},\ s_j^t)$ 不为 0，动态参考点的设置依然能够反映方案准则值的阶段变化情况，此公式依然有效。

定义 3.3 中的动态参考点 r_j^t 具备以下特点：

（1）$t = 1$ 时，$\overline{r_j^t}$ 即第一阶段的参考点，这与现有单阶段下的参考点设置方法相同。

（2） $t \geqslant 2$ 时， r_j^t 即受到方案第 t 阶段发展速度 s_j^t 的影响，体现了方案动态发展特征。当方案在第 t 阶段的发展速度 s_j^t 大于等于平均发展速度 $\overline{s_j}$ 时， $h<0$ ，则参考点 r_j^t 低于方案绩效的平均水平 $\overline{r_j^t}$ ，第 t 阶段的价值函数值得到了适度的提高；反之亦然。

定义 3.3 中动态参考点实质上是在单阶段参考点的基础上进行了一定的修正，这种修正能够引起方案的价值函数的调整，进而影响到方案的前景价值。如图 3.3 所示， $\overline{r}$ 为单阶段下的参考点， r' 和 r'' 为动态参考点，且满足 $r'<\overline{r}<r''$ 。 Δx_1 和 Δx_2 为横坐标上的两个点。当 $s_j^t>\overline{s_j}$ 时，则动态参考点 $r'<\overline{r}$ ，价值函数由 L 向左平移到 L_1 ，则 Δx_1 对应的价值函数值 $v'(\Delta x_1) > v(\Delta x_1)$ （②>①）；反之，当 $s_j^t<\overline{s_j}$ 时，动态参考点 $r''>\overline{r}$ ，价值函数 L 向右平移到 L_2 ，则 Δx_2 对应的价值函数值 $v''(\Delta x_2) < v(\Delta x_2)$ （④<③）。上述思想表现在实际决策问题中，即当某阶段的方案发展速度超过平均速度时，其实际价值应有所提升；当某阶段的方案发展速度低于平均速度时，其实际价值则有所降低。因此，本书设置的参考点能够反映方案在多阶段决策问题中的纵向比较效果，深入挖掘了方案的动态前景价值。

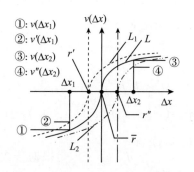

图 3.3   动态参考点与价值函数关系图

第三节   各阶段多准则方案前景价值测算

结合多阶段决策问题的特点，根据前景理论的思想，可得多阶段情境下方案动态前景价值，如定义 3.4 所示。

定义 3.4　考虑动态参考点 r_j^t 的情形，可定义方案 $i(i = 1, 2, \cdots, m)$ 的动态前景价值 V_i 如下：

$$V_i = \sum_{t=1}^{l} \sum_{j=1}^{n} V_{ij}^t w_j^t = \sum_{t=1}^{l} \sum_{j=1}^{n} \sum_{k=1}^{q_j} \pi_{ij}(p_k) v(r_{ijk}^t) w_j^t \tag{3.7}$$

其中，

$$v(r_{ijk}^t) = \begin{cases} (d(r_{ijk}^t, r_j^t))^\alpha, & r_{ijk}^t \geqslant r_j^t \\ -\theta(d(r_{ijk}^t, r_j^t))^\beta, & r_{ijk}^t < r_j^t \end{cases} \tag{3.8}$$

$$\pi_{ij}(p_k^t) = \begin{cases} p_k^\gamma / (p_k^\gamma + (1-p_k)^\gamma)^{1/\gamma}, & r_{ijk}^t \geqslant r_j^t \\ p_k^\delta / (p_k^\delta + (1-p_k)^\delta)^{1/\delta}, & r_{ijk}^t < r_j^t \end{cases} \tag{3.9}$$

r_j^t 是第 t 个阶段第 j 个准则下的动态参考点，$d(r_{ijk}^t, r_j^t)$ 是根据公式（3.1）计算的第 j 个准则三角模糊数形式的方案绩效与参考点的距离。

根据定义 3.4 即得到每个方案的动态前景价值。需要说明的是，动态参考点的设置使得方案在各阶段各准则下的前景价值随着本阶段发展速度的高低做出了相应的调整。具体而言，某阶段下方案的阶段发展速度越高，则前景价值越大；反之亦然。上述前景价值的调整实际上起到了阶段权重的效果，在测算方案动态前景价值时，可以不用重复考虑时间权重的影响。

第四节　多阶段随机多准则决策方法

一　准则权重设置模型

准则权重可以根据专家经验进行主观赋权[1]得到，也可以通过构建数学模型方法[2]求得。前者虽然操作简便，然而其主观随意性较强；后者具有完善的数学理论背景，能依据实际问题以满足特定目标。根据前景理论的思想可知，方案的前景价值可负可正，且随着方案阶段发展速度的变化而有所调整。考虑到方案的公平性，本部分以方案总体前景价值最大化为目标函数设计规划模型如下：

---

[1]　Xu Z S. On consistency of the weighted geometric mean complex judgement matrix in AHP. European Journal of Operational Research, 2000, 126 (3).

[2]　徐泽水、达庆利：《多属性决策的组合赋权方法研究》，《中国管理科学》2002 年第 2 期。

$$\max V^t = \sum_{i=1}^{m} V_i^t = \sum_{i=1}^{m} \sum_{j=1}^{n} \sum_{k=1}^{q_j} \pi_{ij}(p_k) v(r_{ijk}^t) w_j^t$$

$$s.t. \begin{cases} \sum_j w_j^t = 1 \\ w_j \in H, \ j = 1, \cdots, n \\ 0 \leqslant w_j^t \leqslant 1, \ j = 1, \cdots, n \end{cases} \qquad (\text{M-3.1})$$

其中, H 为先验信息集合, 可以表示为以下 5 种形式[148]: 1) 弱序: $\{w_i \geqslant w_j\}$; 2) 严格序: $\{w_i - w_j \geqslant \alpha_i\}$; 3) 倍序: $\{w_t \geqslant \alpha_i w_j\}$; 4) 区间序: $\{\alpha_i \leqslant w_i \leqslant \alpha_i + \varepsilon_i\}$; 5) 差序: $\{w_i - w_j \geqslant w_k - w_l\}$, $j \neq k \neq l$, 其中 $\{\alpha_i\}$ 和 $\{\varepsilon_i\}$ 是非负常数。若 M-3.1 可行域非空, 则该可行域必有界。由于任意可行域有界的单目标规划一定可以在其可行域上取到最优解, 则模型 M-3.1 必有最优解。将方案在各阶段的前景价值数据代入求解上述模型, 可得各阶段下准则权重向量 $W^t = (w_1^t, w_2^t, \cdots, w_n^t)^T$。若先验信息约束 H 较严格, 可能导致 M-3.1 的可行域为空集, 模型不存在最优解。此情形下, 可以先移除 $w_j^t \in H$ 的先验约束, 求解模型, 将得到结果与 H 进行对比, 找出严重分歧之处并有针对性地适当修正。

基于方案前景价值最大的思想在文献[164]等有所体现, 与之相比, 本章侧重于研究多阶段决策问题中基于前景价值动态变化趋势的问题。至此, 通过准则权重集结方案各准则下的信息, 可以得到各方案的动态前景价值。

二　各阶段前景价值范围估算模型

由于内外部环境、决策过程和专家有限理性等原因, 实际决策过程中可能包含一定的不确定性和模糊性, 这给决策过程的科学性和适用性带来了一定的风险。因此, 本部分以基础模型 M-3.1 为基础, 设计拓展模型 M-3.2。当方案整体前景价值在一定合理波动范围内, 估算各阶段方案前景价值的变动范围, 一定程度上使得计算结果涵盖较多信息, 进而降低决策风险。

假设根据 M-3.1 得到其最优解为 $V_{\max}^t$, 针对 t 阶段下方案 i 的前景价值 V_i^t, 建立范围估算模型如下:

$$\max/\min V_i^t = \sum_{j=1}^{n} V_{ij}^t w_j^t = \sum_{j=1}^{n} \sum_{k=1}^{q_j} \pi_{ij}(p_k) v(r_{ijk}^t) w_j^t$$

$$s.t.\begin{cases} \left| \sum_{i=1}^{m} \sum_{j=1}^{n} \sum_{k=1}^{q_j} \pi_{ij}(p_k) v(r_{ijk}^t) w_j^t \right| \geqslant \left| (1-\zeta) V_{max}^t \right| \\ \sum_j w_j^t = 1 \\ w_j^t \in H,\ j = 1, \cdots, n \\ 0 \leqslant w_j^t \leqslant 1,\ j = 1, \cdots, n \end{cases} \quad (\text{M-3.2})$$

其中，$\max/\min V_i^t$ 代表分别对目标函数求最大值和最小值。模型 M-3.2 中的第一个约束条件说明 t 阶段下所有方案总体前景价值之和在 V_{max}^t 的一定比例范围内波动时，可以引发 V_i^t 的变动从而包含更多的不确定信息。M-3.2 通过 V_{max}^t 的变动程度 $\zeta(\zeta > 0)$ 表征决策风险（一般可采用百分数的形式，如 10%，20% 等；数值越大，决策风险越高，决策精度越小），进而估算各阶段方案的前景价值的变动范围。不难看出，模型 M-3.2 能够较好地反映各方案前景价值的总体波动所带来的决策风险。

根据公式（3.2）对各方案的区间前景价值进行两两比较，可以构成可能度矩阵 $P = (p_{ij})_{m \times m}$。令排序向量 $k = \sum_i p_{ij}$，可以根据 k 的大小对各方案前景价值进行排序。

综上所述，基于动态参考点的多阶段随机多准则决策问题的决策步骤如下：

步骤 1：根据 3.1.2 节中语言与三角模糊数之间的转化规则，将各阶段的语言评价矩阵转化为三角模糊数评价决策矩阵。

步骤 2：根据公式（3.6）确定各阶段各准则的方案动态参考点。

步骤 3：求解 M-3.1 得到各阶段的准则属性，并根据公式（3.7）计算各阶段下各方案的动态前景价值。

步骤 4：根据 M-3.2 估算各方案的前景价值的范围。

步骤 5：根据方案的前景价值的范围对方案进行排序选优。

综上所述，本章方法的特点如下：

（1）提出了一种动态参考点的设置方法，根据方案的发展速度与平均发展速度的比较结果进行设置，以反映方案的阶段动态发展特征对动态参考水平的影响；

（2）构建了多阶段情形下基于方案整体动态前景价值的准则权重确定模型，并设计各阶段下前景价值范围的估算模型，在一定程度上反映了不确定决策信息的风险特征。

第五节　应用研究

在某种新药的研发过程中，某风险投资公司共资助了 3 个医药科研项目。由于药品研发周期长、成功概率的不确定性大等原因，该风险投资公司以多阶段评估的形式，从项目的盈利能力（c_1）、企业管理能力（c_2）、市场环境（c_3）和科研技术风险（c_4）4 个主要维度考核各项目的运营绩效，从而对项目进展进行优劣排序。根据实地调研反馈的结果，风险投资公司的决策者更加注重方案之间的比较优势带来的前景价值，而不仅仅关注预期的绩效，因此可以根据方案的前景价值来选择。由于各准则难以用准确的数据来衡量，专家以语言的形式给出备选方案在各阶段各准则下的评价信息，如表 3.2、表 3.3 和表 3.4 所示。其中，θ 为各准则可能出现的自然状态。设语言变量集为 $S = \{s_0 =$ 极差，$s_1 =$ 差，$s_2 =$ 稍差，$s_3 =$ 一般，$s_4 =$ 稍好，$s_5 =$ 好，$s_6 =$ 极好$\}$。

表 3.2　　　　　　　　　　　t_1 阶段下的语言评价矩阵

c	c_1		c_2			c_3			c_4			
θ	较弱	较强	中等	较弱	较强	好	较好	中等	很好	好	较好	中等
p_k	0.2	0.8	0.2	0.3	0.5	0.1	0.4	0.5	0.2	0.3	0.4	0.1
a_1	s_0	s_2	s_1	s_2	s_2	s_1	s_2	s_0	s_1	s_2	s_1	s_4
a_2	s_4	s_6	s_2	s_5	s_3	s_3	s_4	s_0	s_4	s_3	s_2	s_6
a_3	s_2	s_1	s_3	s_2	s_4	s_2	s_3	s_5	s_2	s_3	s_4	s_0

表 3.3　　　　　　　　　　　t_2 阶段下的语言评价矩阵

c	c_1		c_2			c_3			c_4			
θ	较弱	较强	中等	较弱	较强	好	较好	中等	很好	好	较好	中等
p_k	0.3	0.7	0.2	0.2	0.6	0.2	0.4	0.4	0.3	0.2	0.2	0.3
a_1	s_4	s_5	s_5	s_6	s_2	s_3	s_4	s_6	s_2	s_3	s_4	s_5
a_2	s_3	s_4	s_3	s_4	s_3	s_4	s_3	s_4	s_4	s_2	s_1	s_6
a_3	s_3	s_4	s_4	s_6	s_2	s_3	s_4	s_3	s_3	s_2	s_5	s_2

表 3.4　　　　　　　　　　　　t_3 阶段下的语言评价矩阵

c	c₁		c₂			c₃			c₄			
θ	较弱	较强	中等	较弱	较强	好	较好	中等	很好	好	较好	中等
p_k	0.4	0.6	0.3	0.2	0.5	0.4	0.3	0.3	0.2	0.4	0.2	0.2
a_1	s_5	s_6	s_5	s_5	s_3	s_4	s_5	s_6	s_2	s_4	s_4	s_6
a_2	s_1	s_3	s_4	s_5	s_2	s_3	s_2	s_1	s_5	s_3	s_3	s_5
a_3	s_4	s_5	s_5	s_6	s_4	s_4	s_5	s_6	s_1	s_2	s_4	s_5

根据本章的研究方法，可分析本案例多阶段决策过程如下：

步骤 1：根据 3.1.2 节中语言与三角模糊数之间的转化规则，将各阶段的语言评价矩阵转化为三角模糊数评价决策矩阵，如表 3.5、表 3.6 和表 3.7 所示。

表 3.5　　　　　　　　　　　　t_1 阶段下的三角模糊数评价矩阵

c	c₁		c₂			c₃			c₄			
θ	较弱	较强	中等	较弱	较强	好	较好	中等	很好	好	较好	中等
p_k	0.2	0.8	0.2	0.3	0.5	0.1	0.4	0.5	0.2	0.3	0.4	0.1
a_1	(0, 0, 0.2)	(0.1, 0.3, 0.5)	(0, 0.1, 0.3)	(0.1, 0.3, 0.5)	(0.1, 0.3, 0.5)	(0, 0.1, 0.3)	(0.1, 0.3, 0.5)	(0, 0, 0.2)	(0, 0.1, 0.3)	(0.1, 0.3, 0.5)	(0, 0.1, 0.3)	(0.5, 0.7, 0.9)
a_2	(0.5, 0.7, 0.9)	(0.8, 1, 1)	(0.1, 0.3, 0.5)	(0.7, 0.9, 1)	(0.3, 0.5, 0.7)	(0.3, 0.5, 0.7)	(0.5, 0.7, 0.9)	(0, 0, 0.2)	(0.5, 0.7, 0.9)	(0.3, 0.5, 0.7)	(0.1, 0.3, 0.5)	(0.8, 1, 1)
a_3	(0.1, 0.3, 0.5)	(0, 0.1, 0.3)	(0.3, 0.5, 0.7)	(0.1, 0.3, 0.5)	(0.5, 0.7, 0.9)	(0.1, 0.3, 0.5)	(0.3, 0.5, 0.7)	(0.7, 0.9, 1)	(0.1, 0.3, 0.5)	(0.3, 0.5, 0.7)	(0.5, 0.7, 0.9)	(0, 0, 0.2)

表 3.6　　　　　　　　　　　　t_2 阶段下的三角模糊数评价矩阵

c	c₁		c₂			c₃			c₄			
θ	较弱	较强	中等	较弱	较强	好	较好	中等	很好	好	较好	中等
p_k	0.3	0.7	0.2	0.2	0.6	0.2	0.4	0.4	0.3	0.2	0.2	0.3
a_1	(0.5, 0.7, 0.9)	(0.7, 0.9, 1)	(0.7, 0.9, 1)	(0.8, 1, 1)	(0.1, 0.3, 0.5)	(0.3, 0.5, 0.7)	(0.5, 0.7, 0.9)	(0.8, 1, 1)	(0.1, 0.3, 0.5)	(0.3, 0.5, 0.7)	(0.5, 0.7, 0.9)	(0.7, 0.9, 1)
a_2	(0.3, 0.5, 0.7)	(0.5, 0.7, 0.9)	(0.3, 0.5, 0.7)	(0.5, 0.7, 0.9)	(0.3, 0.5, 0.7)	(0.3, 0.5, 0.7)	(0.3, 0.5, 0.7)	(0.5, 0.7, 0.9)	(0.5, 0.7, 0.9)	(0.1, 0.3, 0.5)	(0, 0.1, 0.3)	(0.8, 1, 1)
a_3	(0.3, 0.5, 0.7)	(0.5, 0.7, 0.9)	(0.5, 0.7, 0.9)	(0.8, 1, 1)	(0.1, 0.3, 0.5)	(0.3, 0.5, 0.7)	(0.5, 0.7, 0.9)	(0.1, 0.3, 0.5)	(0.3, 0.5, 0.7)	(0.1, 0.3, 0.5)	(0.7, 0.9, 1)	(0.1, 0.3, 0.5)

表 3.7　　　　　　　　　　t_3 阶段下的三角模糊数评价矩阵

c	c_1		c_2			c_3			c_4			
θ	较弱	较强	中等	较弱	较强	好	较好	中等	很好	好	较好	中等
p_k	0.4	0.6	0.3	0.2	0.5	0.4	0.3	0.3	0.2	0.4	0.2	0.2
a_1	(0.7, 0.9, 1)	(0.8, 1, 1)	(0.7, 0.9, 1)	(0.7, 0.9, 1)	(0.3, 0.5, 0.7)	(0.5, 0.7, 0.9)	(0.7, 0.9, 1)	(0.8, 1, 1)	(0.1, 0.3, 0.5)	(0.5, 0.7, 0.9)	(0.5, 0.7, 0.9)	(0.8, 1, 1)
a_2	(0, 0.1, 0.3)	(0.3, 0.5, 0.7)	(0.5, 0.7, 0.9)	(0.7, 0.9, 1)	(0.1, 0.3, 0.5)	(0.3, 0.5, 0.7)	(0.1, 0.3, 0.5)	(0, 0.1, 0.3)	(0.7, 0.9, 1)	(0.3, 0.5, 0.7)	(0.3, 0.5, 0.7)	(0.7, 0.9, 1)
a_3	(0.5, 0.7, 0.9)	(0.7, 0.9, 1)	(0.7, 0.9, 1)	(0.8, 1, 1)	(0.5, 0.7, 0.9)	(0.5, 0.7, 0.9)	(0.7, 0.9, 1)	(0.8, 1, 1)	(0, 0.1, 0.3)	(0.1, 0.3, 0.5)	(0.5, 0.7, 0.9)	(0.7, 0.9, 1)

步骤 2：根据定义 3.2 和定义 3.3 确定各阶段下各准则的参考点，如表 3.8 所示。

表 3.8　　　　　　　　　　各阶段的动态参考点

准则 ＼ 阶段 参考点	t_1	t_2	t_3
准则 c_1	(0.583, 0575, 0.615)	(0.524, 0.551, 0.579)	(0.566, 0.593, 0.622)
准则 c_2	(0.448, 0.575, 0.739)	(0.305, 0.448, 0.608)	(0.501, 0.593, 0.703)
准则 c_3	(0.510, 0.576, 0.651)	(0.457, 0.517, 0.582)	(0.569, 0.609, 0.653)
准则 c_4	(0.399, 0.574, 0.842)	(0.193, 0.399, 0.613)	(0.528, 0.671, 0.853)

从表 3.8 结果不难看出，各阶段动态参考点相较于单阶段方案绩效平均水平而言，分别得到了一定程度的提高或降低，反映了各阶段的动态发展态势，进而影响方案的动态前景价值。例如，方案各准则在 t_2 阶段的发展速度大于平均发展速度，使得 t_2 阶段各准则的动态参考点低于该阶段的方案绩效平均值，这样有利于体现方案绩效因 t_2 阶段发展良好而带来的纵向激励作用；再如，t_3 阶段下方案各准则的发展速度小于平均发展速度，从而 t_3 阶段下方案各准则的动态参考点高于该阶段的方案绩效平均值，这样能够更好地反映方案表现因 t_3 阶段下表现不佳所引发的惩罚效果。

步骤 3：设计并求解 M - 3.1 得到各阶段的准则权重向量为 $w^1 =$ $(0.2, 0.1, 0.1, 0.6)^T$，$w^2 = (0.2, 0.1, 0.1, 0.6)^T$，$w^3 = (0.7, 0.1,$

0.1，$0.1)^T$。根据公式（3.7）对方案进行集结，得到各方案的动态前景价值 V_i，如表3.9所示。

表3.9 各方案综合前景价值

方案	a_1	a_2	a_3
动态前景价值	0.0904	-0.0194	0.1850

步骤4：设定精度系数 ζ，根据 M-3.2 估算各阶段下方案前景价值的变动范围，结合区间数运算法则和公式（3.7）计算各方案动态前景价值范围（见表3.10）。

表3.10 各方案前景价值范围（$\zeta = 0.2$）

V_i^t	a_1	a_2	a_3
t=1	[-0.454, -0.020]	[-0.057, 0.167]	[0.046, 0.188]
t=2	[0.106, 0.137]	[0.056, 0.069]	[0.119, 0.151]
t=3	[-0.136, -0.023]	[-0.144, -0.031]	[-0.026, -0.012]
V_i	[-0.485, 0.094]	[-0.145, 0.205]	[0.139, 0.326]

步骤5：根据方案的前景价值的范围可得方案的排序结果为 $a_3 > a_1 > a_2$，由此排序结果可以对各项目进行优选。

分析上述求解过程及结果，并与相关方法进行比较，可以得到如下结论：

（1）如果忽视多阶段决策问题中方案绩效的纵向变化特征，而仅以方案绩效平均值作为参考点进行计算，可得到各方案的动态前景价值为 $V_1 = -0.0156$，$V_2 = -0.1006$，$V_3 = 0.0597$。从结果对比可以看出，由于方案的综合表现存在本质的差异，不影响方案的排序结果。然而，通过具体数据比较后不难发现，以方案绩效平均值计算的 a_1 和 a_2 的前景价值较接近，不利于两方案之间的优选。而本书遵循多阶段决策问题中方案表现动态发展的基本特征，以动态参考点反映决策阶段对各参考点的综合影响，使得方案 a_1 和 a_2 前景价值的区分度有了显著增加（见表3.9）。此外，以动态参考点为基础的动态前景价值更深入地反映了方案的长远发展特征，使得 a_1 的长远发展优势更加明显地体现出来。这使得两个方案的差异度更显著，方案优劣关系更为清晰。

（2）如果仅凭三角模糊数的期望值来表征各方案在各阶段中的绩效，采用文献［104］中基于 BUM 函数的阶段权重确定方法（$\alpha = 0.4$）获得阶段权重为 $\lambda_t = (0.2900, 0.3314, 0.3786)^T$，则各方案的阶段绩效表现为 $U_1 = (0.4907, 0.5827, 0.7213)$，$U_2 = (0.4744, 0.5529, 0.6414)$，$U_3 = (0.5039, 0.5923, 0.7090)$。根据可能度公式（3.2）比较三者大小，从数据上得到方案的排序结果与本书方法的排序结果一致。然而，此方法本质上无法体现专家的风险偏好的影响程度，且容易受到阶段权重的影响，在一定程度上增加了决策风险。

第六节　本章小结

多阶段随机多准则决策问题是决策领域的一个重要方向，决策者的风险态度容易随着阶段变化而发生一定的波动，这将直接影响最终的评价结果。因此，研究不同阶段下决策者风险态度的变动情况及其对评价结果的影响效果，具有较强的理论意义和实际应用价值。

本章基于前景理论的思想研究多阶段随机多准则决策中的信息集结问题，参照发展速度的思想，设计了一种多阶段动态参考点的设置方法；构建多准则权重测算模型以获取准则权重，集结得到方案动态前景价值；建立了方案前景价值的范围估算模型，以分析决策风险对评价结果的实际影响。本章不仅是参考点设置方法在时间维度的有效拓展，也为多阶段决策问题的信息集结问题提供了一种新的分析思路和研究方法。基于前景理论的多阶段决策问题还有较大的研究空间，作者将继续研究动态参考点的其他设置方法以及不确定风险的测量模型等重要问题。

第四章

基于双重语言信息联动的
多阶段决策模型研究

在实际的多阶段决策问题中，决策专家一方面可以给出项目绩效的总体比较判断，另一方面也会给出项目在不同属性下的实际表现。两类信息各有优势，相互支持。本章重点研究两类语言信息联动下多阶段决策问题，基于语言判断信息和语言评价信息的内在联系确定阶段权重和属性权重，进而对备选方案的实际表现进行动态集结。具体而言，针对决策依据和专家偏好两类语言信息，从双重语言信息融合的思路，设计多阶段决策问题的分析框架。探寻决策语言信息的动态演化特征，构建规划模型群，以保证两类语言信息之间的差异达到最小，测算阶段时间权重和各阶段下决策属性权重。分析决策者的主观信息偏好，综合考虑方案的动态综合语言绩效和专家主观判断结果，在多阶段情形下集结决策信息，实现备选方案的优选决策。

第一节　问题描述及预备知识

一　问题描述

在具体的管理决策工作中，决策者通常面临两类决策信息。一类是决策专家根据主观经验等依据对备选方案的整体优劣做出的两两比较与选择结论，另一类是体现决策者在细化维度上进行决策判断的专业知识和背景信息。例如，在企业信息系统开发决策问题中，既要考虑决策专家对备选系统整体性能的综合判断结果，又要深入分析各备选方案在系统可靠性、未来扩充升级能力、具体功能适应性和人机界面友好性等细化标准下的具体表现，与专家判断相互呼应，以体现决策过程的准确性和科学性。本章将前一类信息描述为专家偏好信息，后一类信息称为决策依据信息。两类信息既相互联系又存在一定的差异。因此，如何合理兼顾和综合利用上述两类信息是解决此类决策问题的关键。

具体而言，专家的偏好信息主要依据专家的主观经验和专业知识水平对方案的整体表现开展主观和直接的判断，体现了决策者主观知识的直觉性。决策依据信息通常来源于实际调研和统计数据等渠道，为方案具体表现的定量表述，具备较强的客观性。然而，由于决策问题的复杂性和动态发展特性，决策依据信息通常带有一定的模糊性和随机性。

上述两类信息之间存在较为复杂的相互印证关系。一方面，两类信息之间往往存在一定的关联和依存关系，主观偏好信息是决策者在参考依据信息的基础上给出的深入认知和辨识。另一方面，上述两类信息各具特点，无法简单地互相取代。专家偏好信息具有一定的主观性和不确定性，而决策依据信息也具有一定的多源性（随着信息采集、获取方式和认知主体的不同，搜集得到的决策依据信息均可能存在差异）、随机性（搜集方式的随机性、决策对象特征表现的随机性等）和模糊性（信息表现以模糊数、语言变量等形式呈现）。通过上面的分析，如果仅凭其中某一类信息进行决策分析，将有可能产生决策结果的失真及偏差。因此，综合考虑上述两类信息并开展联动分析是全面进行科学决策工作的前提和基础。

通过查阅现有文献可以发现，目前关于多阶段下双重信息的互动集结问题研究较少，理论研究的重视程度有待加强。基于上述思考，本章的主要研究工作可总结如下：（1）探索双重结构信息融合方法，保证两类信息无论在结构还是本质上具备较强的相似性和继承性；（2）在多阶段情形下分析双重信息的动态演化特征，设计规划模型，测算合适的阶段权重，有效集结多个阶段下双重语言信息；（3）依据决策者对两类信息的偏好程度，综合考虑方案的多阶段综合绩效和专家的主观判断信息，在多阶段情形下进行备选方案的优选决策。

二　预备知识

虽然决策依据信息是备选方案在评价指标下的具体表现，具有较强的客观性，但是由于决策环境的复杂性、决策者的有限理性和评价方案的动态发展性，决策依据信息往往呈现一定的不确定性乃至模糊性。由于语言信息可以较好地表现出决策者的主观模糊意愿，语言变量常用于表征决策依据信息和专家偏好信息。目前，语言信息的处理方法有很多种，例如可以将语言变量转化为二元语义、模糊数和语言符号直接运算。考虑到二元语义形式能够较广地涵盖不确定信息，本章通过将决策者的语言信息转化为二元语义的形式，并依此开展后续研究。

定义 4.1[4]　假设语言变量集为 $S = \{s_\alpha | \alpha = 0, 1, \cdots, g\}$，$g > 0$，其中 g 为偶数，s_α 为供决策专家选择、使用的语言变量。此外，语言变量具备下列特征：若 $\alpha > \beta$，则 $s_\alpha > s_\beta$；存在逆算子 $neg(s_\alpha) = s_{g-\alpha}$，$neg(s_{g/2}) = s_{g/2}$。

二元语义通过采用二元组 (s_k, a_k) 以表示决策者的主观语言评价信息。其中，s_k 表示语言评价集合中可供选择的一个语言短语；a_k 表示决策者的语言评价信息与标准语言短语之间偏差，$a_k \in [-0.5, 0.5)$[11]。

定义 4.2[11]　如果 $s_k \in S$ 为某个语言短语，则其对应的二元语义可通过函数 θ 转换得到：
$$\theta: S \to S \times [-0.5, 0.5), \theta(s_k) = (s_k, 0)$$

定义 4.3[11]　令 $\beta \in [0, g]$ 为某语言评价集 S 经集结方法确定后得到的实数，令
$$\Delta: [0, g] \to S \times [-0.5, 0.5)$$
$$\Delta(\beta) = \begin{cases} s_k, & k = round(\beta) \\ a_k = \beta - k, & a_k \in [-0.5, 0.5) \end{cases} \tag{4.1}$$

则可以称函数 Δ 为实数 β 与二元语义信息之间的转换函数，其中 $round(\beta)$ 为四舍五入处理的取整算子。

定义 4.4[11]　令 (s_k, a_k) 是一个二元语义信息，其中 s_k 为 s 中的第 k 个元素，$a_k \in [-0.5, 0.5)$。设
$$\Delta^{-1}: S \times [-0.5, 0.5) \to [0, g]$$
$$\Delta^{-1}(s_k, a_k) = k + a_k = \beta,$$

则称 Δ^{-1} 为转换函数 Δ 的逆函数。

假设存在两个二元语义信息 (s_k, a_k) 和 (s_l, a_l)，二者之间的序关系则满足：（1）若 $s_k > s_l$，则 $(s_k, a_k) > (s_l, a_l)$。（2）当 $s_k = s_l$ 时，若 $a_k > a_l$，则 $(s_k, a_k) > (s_l, a_l)$；若 $a_k = a_l$，则 $(s_k, a_k) = (s_l, a_l)$；若 $a_k < a_l$，则 $(s_k, a_k) < (s_l, a_l)$。

定义 4.5① 假设存在矩阵 $R = (r_{\alpha\beta})_{m \times m}$，若矩阵 R 满足如下性质：$r_{\alpha\beta} \in S$，$r_{\alpha\alpha} = s_{g/2}$，且 $r_{\alpha\beta} = s_k$，$r_{\beta\alpha} = neg(s_k)$，则称矩阵 R 为 m 维语言判断矩阵。

对于 m 维语言判断矩阵 $R = (r_{\alpha\beta})_{m \times m}$，其内部元素的含义如下：（1）若 $r_{\alpha\beta} = s_{g/2}$，表示 x_α 与 x_β 同等重要（记为 $x_\alpha \sim x_\beta$）；（2）若 $r_{\alpha\beta} = s_k \in S^L = \{s_0, s_1, \cdots, s_{(g/2)-1}\}$，表示 x_β 比 x_α 更重要（记为 $x_\beta \succ x_\alpha$），且 $r_{\alpha\beta}$ 越小，x_β 相对于 x_α 的重要度越高；（3）若 $r_{\alpha\beta} = s_k \in S_a = \{s_{(g/2)+1}, s_{(g/2)+2}, \cdots, s_g\}$，表示 x_α 比 x_β 更重要（记为 $x_\alpha \succ x_\beta$），且 $r_{\alpha\beta}$ 数值越大，x_α 相对于 x_β 越重要。

第二节　单阶段双重语言信息下属性权重确定方法

一　双重语言信息联动集结分析框架

设备选方案集为 $A = \{a_1, a_2, \cdots, a_m\}$，上述备选方案需要经过 p 个评价阶段，每个阶段下的评价信息在决策全过程中的权重不尽相同，记为 $\lambda = (\lambda_1, \lambda_2, \cdots, \lambda_t, \cdots, \lambda_p)^T$，其中 $\lambda_t \geq 0 (t = 1, 2, \cdots, p)$，$\sum_{t=1}^{p} \lambda_t = 1$；令 $C = \{c_1, c_2, \cdots, c_n\}$ 表示评价属性集合，$w^t = (w_1^t, w_2^t, \cdots, w_j^t, \cdots, w_n^t)^T$ 为 t 阶段的 n 维属性权重向量，且 $w_j^t \geq 0 (j = 1, 2, \cdots, n)$，$\sum_{j=1}^{n} w_j^t = 1$；方案集 A 和属性集 C 一同构成了决策依据信息，可以用多阶段决策评价矩阵 $X^t = (x_{ij}^t)_{m \times n} (t = 1, 2, \cdots, p)$ 的形式表征。由于语言信息能够较好地反映主观思维的模糊性，专家偏好信息和决策依据信息均可用语言变量的形式进行表述。此外，决策专家可以对备选方案的综合表现进行两两比较，并用语言标度对其进行描述，可以得到语言判断矩阵 $R^t = (r_{\alpha\beta}^t)_{m \times m} (t = 1, 2, \cdots, p)$ 以表征专家偏好信息。两类语言信息均可依据定义 4.2 转化为二元语义判断矩阵。

需要说明的是，本章涉及决策依据信息，既可以通过专家根据各自的

① Marimin M, Umano M, Hatono I, et al. Linguistic labels for expressing fuzzy preference relations in fuzzy group decision making. IEEE Trans on Systems, Man, and Cybernetics, Part B: Cybernetics, 1998, 28 (2).

信息渠道搜集得到，也可以由决策工作的组织方提供，还可以由被评价的主体提供（例如供应商选择评价工作中，供应商企业提供自身企业的相关数据等）。此外，专家偏好信息则来源于决策专家的主观判断，主要由专家个人或团队给出。本章通过一个决策矩阵以表示决策依据信息，比较适合专家群体经过讨论后确定的决策信息、决策组织方提供和被评价主体提供等方式。若专家个体均提供决策依据信息和偏好信息（即在某一个阶段下，专家群体给出了多个评价矩阵和偏好矩阵），可以通过群体意见集结等方法将多位专家的个体看法转化为群体意见，即单一评价矩阵和判断矩阵，再应用本章的方法进行双重信息的优化和联动决策。

　　双重语言信息的联动和融合思路如图 4.1 所示。针对双重结构语言信息的多阶段问题，如何对两类信息实现结构性融合，在多阶段情形下更好地挖掘决策信息的变化特征，有效集结多阶段下双重语言信息是本章研究的主要问题。

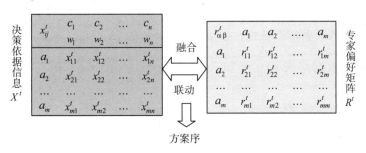

图 4.1　双重语言信息集结思路图

　　上述研究主要包含以下两个难点：（1）两类语言信息本质上存在紧密的内在联系，如果单方面忽视一类信息容易产生一定的决策风险。具体而言，决策依据信息会遗漏部分经验信息，专家偏好信息容易造成一定的主观倾向。此外，自然语言的表述形式也增加了两类信息融合的难度。（2）在多阶段决策情形下，两类语言信息结构存在一定的差异，均具有各自的特殊性质和变化特点。尤其是在决策属性的权重未知和方案绩效信息动态发展的影响下，两类信息之间的关联程度将更加复杂。

二　决策依据信息的导出偏好矩阵设计

　　根据前述分析可知，两类语言信息，即决策依据信息和专家偏好信息，不仅各自的含义不同，且彼此的结构各异，矩阵结构的差异导致其分析和运算方法各具特点。因此，本节考虑将两类语言信息进行结构性转化，以便更有效地分析两者之间的本质联系。其中，语言判断矩阵是评价专家对备选方案开展两两比较的结果，矩阵中判断结果 $r_{\alpha\beta}^t$ 与决策依据信息中各备选方案的综合绩效之间存在较为紧密的联系。

定义 4.6　令 X_α^t 和 X_β^t 分别表示评价阶段 t 下备选方案 a_α 和 $a_\beta(\alpha, \beta \in \{1, 2, \cdots, m\})$ 经过评价属性集结后以二元语义形式表达的综合绩效，其中 $X_i^t = \Delta\left(\sum_{j=1}^n w_j^t \Delta^{-1}(x_{ij}^t)\right)$, $i = \alpha, \beta, \alpha, \beta \in \{1, 2, \cdots, m\}$。则称 $\widetilde{R}^t = (\tilde{r}_{\alpha\beta}^t)_{m \times m}$ 为决策矩阵 X^t 的 m 维导出偏好矩阵，其中

$$\tilde{r}_{\alpha\beta}^t = \Delta\left(\frac{1}{2}(\Delta^{-1}(s_g, 0) + \Delta^{-1}(X_\alpha^t) - \Delta^{-1}(X_\beta^t))\right) \qquad (4.2)$$

定理 4.1　m 维导出偏好矩阵 $\widetilde{R}^t = (\tilde{r}_{\alpha\beta}^t)_{m \times m}$ 是一类二元语义判断矩阵，满足判断矩阵具备的互补性，即 $\Delta^{-1}(\tilde{r}_{\alpha\alpha}) = g/2$, $\Delta^{-1}(\tilde{r}_{\beta\alpha}^t) + \Delta^{-1}(\tilde{r}_{\alpha\beta}^t) = g$。

证明：根据定义 4.6 可知，$\Delta^{-1}(\tilde{r}_{\alpha\alpha}^t) = \frac{1}{2}(\Delta^{-1}(s_g, 0) + \Delta^{-1}(X_\alpha^t) - \Delta^{-1}(X_\alpha^t)) = \frac{g}{2}$, 则

$$\Delta^{-1}(\tilde{r}_{\beta\alpha}^t) + \Delta^{-1}(\tilde{r}_{\alpha\beta}^t)$$

$$= \frac{1}{2}(\Delta^{-1}(s_g, 0) + \Delta^{-1}(X_\beta^t) - \Delta^{-1}(X_\alpha^t))$$

$$+ \frac{1}{2}(\Delta^{-1}(s_g, 0) + \Delta^{-1}(X_\alpha^t) - \Delta^{-1}(X_\beta^t))$$

$$= g$$

定理 4.2　m 维导出偏好矩阵 $\widetilde{R}^t = (\tilde{r}_{\alpha\beta}^t)_{m \times m}$ 满足可加一致性条件，即 $\Delta^{-1}(\tilde{r}_{\alpha\beta}) + \Delta^{-1}(\tilde{r}_{\beta\gamma}) = \frac{g}{2} + \Delta^{-1}(\tilde{r}_{\alpha\gamma})$。

证明：

$$\Delta^{-1}(\tilde{r}_{\alpha\beta}^t) + \Delta^{-1}(\tilde{r}_{\beta\gamma}^t)$$

$$= \frac{1}{2}(\Delta^{-1}(s_g, 0) + \Delta^{-1}(X_\alpha^t) - \Delta^{-1}(X_\beta^t)) + \frac{1}{2}(\Delta^{-1}(s_g, 0)$$

$$+ \Delta^{-1}(X_\beta^t) - \Delta^{-1}(X_\gamma^t))$$

$$= \frac{1}{2}\Delta^{-1}(s_g, 0) + \frac{1}{2}(\Delta^{-1}(s_g, 0) + \Delta^{-1}(X_\alpha^t) - \Delta^{-1}(X_\gamma^t))$$

$$= \frac{g}{2} + \Delta^{-1}(\tilde{r}_{\alpha\gamma}^t)$$

由文献［167］中介绍关于二元语义判断矩阵的可加一致性准则可知，$\widetilde{R}^t = (\tilde{r}_{\alpha\beta}^t)_{m \times m}$ 满足可加一致性条件。

由定义 4.6 可知，通过对决策矩阵 X^t 进行相应的转化，可以得到与专家判断矩阵 R^t 结构一致的导出偏好矩阵 $\widetilde{R}^t = (\tilde{r}_{\alpha\beta}^t)_{m \times m}$。由于 R^t 和 $\widetilde{R}^t$ 在矩阵结构和内部含义上具有较强的相似性，通过分析两者之间差异程度，可以判断决策矩阵 X^t 与专家偏好矩阵 R^t 之间的内在联系。

三　基于双重语言信息融合的属性权重确定方法

对于单阶段决策问题而言，决策信息的导出偏好矩阵 $\widetilde{R}$ 与专家判断矩阵 R 具有类似的结构和内在含义，均可用于表示备选方案的综合表现经过两两比较后的对比结果，并且 $\widetilde{R}$ 和 R 之间存在较强的关联性和一致性。然而在导出偏好矩阵 $\widetilde{R}$ 中，属性权重尚属未知，可以凭借两个矩阵之间的差异及相似关系以确定评价属性权重的取值。基于上述分析，本章首先构建单阶段优化模型 M-4.1，确定单一独立阶段下的属性权重，使得两类矩阵 $\widetilde{R}$ 和 R 之间的综合欧式距离最小。在语言信息决策问题中，评价属性权重的设置工作具有较大的不确定性。因此，属性权重的确定需要保障其不确定水平尽量减少。根据极大熵原理①，本节考虑极大熵目标，构建属性权重测算模型如下：

$$\min Z = \sum_{\alpha \leqslant \beta} \left(\frac{1}{2}(\Delta^{-1}(s_g, 0) + \sum_{j=1}^n w_j \Delta^{-1}(x_{\alpha j}) - \sum_{j=1}^n w_j \Delta^{-1}(x_{\beta j})) - \Delta^{-1}(r_{\alpha\beta}) \right)^2$$

$$\max H = -\sum_{j=1}^n w_j \ln w_j$$

① 王正新、党耀国、宋传平：《基于区间数的多目标灰色局势决策模型》，《控制与决策》2009 年第 3 期。

$$s.t. \begin{cases} \sum_{j}^{n} w_j = 1 \\ w_j \geq 0, j = 1, 2, \cdots, n \end{cases} \quad (\text{M-4.1})$$

其中，模型 M-4.1 的目标函数表示决策信息的导出偏好矩阵 $\tilde{R}$ 和专家判断矩阵 R 相应元素之间的综合欧式距离最小。这样处理可以体现决策依据信息和专家偏好信息之间达到最小的偏差程度，以保证决策信息和专家判断的一致性。

需要说明的是，目标函数 Z 和 H 的量纲并不相同，需要对两类目标函数进行无量纲化和规范化处理。假设在相同的约束条件下，Z_{max} 和 Z_{min} 分别为目标函数 Z 的最大值和最小值，H_{max} 和 H_{min} 分别为目标函数 H 的最大值和最小值，则多目标优化模型 M-4.1 可以转化为如下单目标优化问题：

$$\min Z' = \mu \frac{Z - Z_{min}}{Z_{max} - Z_{min}} + (1 - \mu) \frac{H - H_{min}}{H_{max} - H_{min}}$$

$$s.t. \begin{cases} \sum_{j}^{n} w_j = 1 \\ w_j \geq 0, \ j = 1, \ 2, \ \cdots, \ n \end{cases} \quad (\text{M-4.2})$$

模型 M-4.2 中，$0 \leq \mu \leq 1$ 表示两类目标的重要度权重，可以根据实际决策情况来确定，$0 \leq \mu \leq 1$。若某决策活动对问题目标无特殊偏好，可以设置为等权重，即 $\mu = 0.5$。这样一来，模型 M-4.2 的实质即变为一个单目标规划模型。由约束条件之间关系不难看出，该模型可行域必定存在且有界。由于任意可行域有界的单目标规划一定可以在其可行域上取到最优解[①]，则模型 M-4.2 必然可以得到最优解。结合 Matlab 和 Lingo 等仿真软件对模型 M-4.2 求解，可以测算得到单阶段下的评价属性权重 W^*。最优方案下的属性权重在实现权重设置不确定性较小的基础上，最大限度地确保决策信息的导出偏好矩阵 $\tilde{R}$ 与专家偏好 R 之间具备较强的关联性和相似的逻辑关系。

此外，上述建模和解决思路具有较强的合理性。一方面，导出偏好矩阵 $\tilde{R}$ 的内部元素与专家判断矩阵 R 之间具有相同的表征意义和同纬度的矩

---

① Winston W L. Operations research application and algorithms. Beijing: Tsinghua University Press, 2006, 144-207.

阵结构。两者均可以用二元语义进行表征，以反映备选方案经过两两对比得到的综合比较效果。因此，分析两者之间的相似关系具有一定的合理性和必要性。另一方面，由于导出偏好矩阵 $\tilde{R}$ 和专家判断矩阵 R 内部的元素具有相同的量纲，可以使用欧式距离以表征两者之间的差异程度，进而能够以差异最小为目标构建属性权重确定模型，测算得到单阶段下较为合适的属性权重。

第三节　双重语言信息联动下多阶段决策模型

一　基于双重语言信息融合的阶段权重设计框架

在包含双重语言信息的多阶段决策问题中，主要涉及两类内涵和结构均不同的矩阵信息，并且两类矩阵信息的动态发展特征也有所差异。在现实的决策问题中，评价对象的演化规律更为多样和复杂，阶段间的评价工作通常涉及较多的属性特征，事物的变化特征在不同阶段间可能存在复杂的关联关系，其变化情况在很多情形下难以量化和测度。更有甚者，若同时考虑评价矩阵在时间维度上的阶段关联性，决策问题的难度将进一步加大。

因此，本部分在确定评价矩阵时，主要参照方案在单阶段下的实际表现。这样处理可以使得阶段间的评价信息具有一定的相对独立性，通过设计阶段权重以集结方案的动态绩效。此外，在分析这类多阶段决策问题时，评价矩阵同样可以采用阶段时期数据。例如，项目年度或季度报告等形式，可以有效地规避评价矩阵阶段之间的关联性。然而，在现实的多阶段决策问题中，由于个人主观偏好的影响，专家在判断方案的综合绩效时，会直观地给出关于项目的累积表现。专家就难免会受到之前阶段决策信息的影响，这就导致各阶段下的专家偏好矩阵之间存在一定的关联性。因此，简单地通过阶段权重集结专家在各阶段判断信息就无法给出令人信服的评价结果。

综合上述考虑，本章假设专家对方案表现的主观偏好是对方案总体累积绩效的评估结果，而不是仅着眼于本阶段的方案表现。以图 4.2 所示某三阶段决策为例，可以明显地看出，在第一阶段中，单阶段决策问题符合 4.2.3 节 M-4.1 中的关系表现。当阶段数 l 大于 2 时，导出偏好矩阵中元素便会随着方案的动态发展与上节分析有所差异。

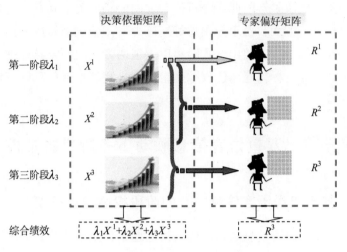

图4.2   双重信息模型多阶段变化特征

二   多阶段双重语言信息下阶段权重测算模型

定义4.7   当某多阶段决策问题的总阶段数 $l \geqslant 2$ 时，决策依据矩阵 X^t 的导出偏好矩阵为 $\widetilde{R}^t = (\tilde{r}^t_{\alpha\beta})_{m \times m}(t = 2, \cdots, l)$，其中

$$\tilde{r}^t_{\alpha\beta} = \frac{1}{2} \sum_{t=1}^{l} \lambda_t \left(\Delta^{-1}(s_g, 0) + \sum_{j=1}^{n} w^t_j \Delta^{-1}(x^t_{\alpha j}) - \sum_{j=1}^{n} w^t_j \Delta^{-1}(x^t_{\beta j}) \right)$$

$$= \frac{1}{2} \Delta^{-1}(s_g, 0) + \frac{1}{2} \sum_{t=1}^{l-1} \sum_{j=1}^{n} \lambda_t w^{t*}_j \left(\Delta^{-1}(x^t_{\alpha j}) \right.$$

$$\left. - \Delta^{-1}(x^t_{\beta j}) \right) + \frac{1}{2} \lambda_l \sum_{j=1}^{n} w^t_j \left(\Delta^{-1}(x^t_{\alpha j}) - \Delta^{-1}(x^t_{\beta j}) \right) \tag{4.3}$$

其中，w^{t*}_j 是 l 阶段终止前各阶段的属性权重，w^{l*}_j 可根据 M-4.1 求得。

当阶段数 l 大于等于2时，可以根据决策矩阵之间的多阶段相似关系构造多目标优化模型以测算得到各阶段的时间权重和各阶段下的属性权重，如 M-4.3 所示。其中 l 阶段之前的属性权重 w^{l*}_j 可以通过阶段 $l-1$ 之前的多阶段优化模型获得。

$$\min Z^l = \sum_{\alpha \leqslant \beta} \left(\begin{array}{l} \dfrac{g}{2} + \dfrac{1}{2} \sum_{t=1}^{l-1} \sum_{j=1}^{n} \lambda_t w_j^{t*} (\Delta^{-1}(x_{\alpha j}^t) - \Delta^{-1}(x_{\beta j}^t)) \\[4mm] + \dfrac{1}{2} \lambda_l \sum_{j=1}^{n} w_j^t (\Delta^{-1}(x_{\alpha j}^t) - \Delta^{-1}(x_{\beta j}^t)) - \Delta^{-1}(r_{\alpha\beta}^l) \end{array} \right)^2$$

$$\max H = - \sum_{j=1}^{n} w_j^l \ln w_j^l$$

$$\max H' = - \sum_{t=1}^{l} \lambda_t \ln \lambda_t$$

$$s.t. \begin{cases} \sum_{j}^{n} w_j^l = 1 \\ w_j^l \geqslant 0, \ j = 1, 2, \cdots, n \\ w_j^{h*} = \arg\min Z^h, \ h = 1, 2, \cdots, l-1 \\ \sum_{t=1}^{l} \lambda_t = 1, \ l = 2, 3, \cdots, p \end{cases} \qquad (\text{M}-4.3)$$

　　随着多阶段决策工作的逐步展开和深入，评价方案日益发展并能提供更多的项目绩效信息。由于新信息的逐渐补充，决策者对各评价阶段的属性权重的看法和认识可能发生一定的变化。本章正是根据变权的思想，避免独立对待各评价阶段以确定单一阶段的属性权重，而是从多阶段决策问题整体高度出发，根据各阶段的决策信息对各阶段下属性权重进行系统权衡和综合处理。这样处理既反映了多阶段决策问题的实际需要，又比较符合评价对象的动态发展特征。

　　在现有的多阶段决策问题中，阶段权重的设计工作是国内外相关研究的热点内容。目前而言，阶段权重的确定方法有专家主观赋权，根据阶段权重分布特征推理等若干方法（例如阶段权重服从指数分布或正态分布[1]、阶段权重方差最小[2]、新信息优先原则[3]等）。除此之外，阶段权重

　　[1]　Xu Z S, Yager R R. Dynamic intuitionistic fuzzy multi-attribute decision making. International Journal of Approximate Reasoning, 2008, 48 (1).

　　[2]　郭亚军、姚远、易平涛：《一种动态综合评价方法及应用》，《系统工程理论与实践》2007 年第 10 期。

　　[3]　钱吴永、党耀国、刘思峰：《基于差异驱动原理与均值关联度的动态多指标决策模型》，《系统工程与电子技术》2012 年第 2 期。

的设计工作还要综合考虑多阶段决策信息的特殊要求，例如方案绩效差异最大①、正负理想方案偏差最大最小②等。本章研究阶段权重的设计方法，既体现了阶段权重自身的特征，又能体现专家主观判断一致性的要求，从决策判断的一致性角度来看更具有合理性。

从实际工作角度而言，本章设计的阶段权重确定方法同样符合企事业单位的现实需求。多阶段评价信息体现了备选方案在各评价属性下的具体绩效，主要由专家根据方案在单一阶段的属性测度来评价，体现了备选方案的短期评价效果；各阶段的判断矩阵信息根据专家对评价阶段结束时方案的累积整体表现给出两两比较信息。若决策问题存在较多的评价阶段，这样处理可以在一定程度上反映出方案的发展态势预期和要求，比较符合企事业单位较高层次的决策特点。此外，若企业存在较为复杂的现实需求，出于内外部环境和自身考虑对阶段权重存在某种特定要求，如阶段权重存在一定范围限制，不同阶段权重比例之间存在主观判定等，可以在模型 M-4.3 中添加一定的约束条件，在此不再累述。

类似于上节处理多目标优化模型的方法，多目标优化模型 M-4.3 可转化为如下单目标模型：

$$\min = (1 - \rho_1 - \rho_2)\frac{\sum_{\alpha \leq \beta} Z^l - Z^l_{\min}}{Z^l_{\max} - Z^l_{\min}} + \rho_1 \frac{H - H_{\min}}{H_{\max} - H_{\min}} + \rho_2 \frac{H' - H'_{\min}}{H'_{\max} - H'_{\min}}$$

$$s.t. \begin{cases} \sum_{j}^{n} w_j^l = 1 \\ w_j^l \geq 0, j = 1, 2, \cdots, n \\ w_j^{h*} = \arg\min Z^h, h = 1, 2, \cdots, l-1 \\ \sum_{t=1}^{l} \lambda_t = 1, l = 2, 3, \cdots, p \end{cases} \quad (\text{M-4.4})$$

其中 ρ_1, $\rho_2 \in [0, 1]$，用于表示三类目标的重要程度，可根据实际决策需要来确定。若对目标无特殊偏好，一般设置为等权重，即取 $\rho = 1/3$。由于模型 M-4.4 为单目标规划问题且可行域存在且有界，根据最优

① 朱建军、刘思峰、李洪伟、田飞：《群决策中多阶段多元判断偏好的集结方法研究》，《控制与决策》2008 年第 7 期。
② 刘勇、Jeffrey Forrest、刘思峰、赵焕焕、菅利荣：《一种权重未知的多属性多阶段决策方法》，《控制与决策》2013 年第 6 期。

解存在定理①可知，模型 M-4.4 必有最优解。

通过 M-4.4 不仅可以计算 p 阶段终止时各阶段的时间权重，而且可以得到 p 之前任一阶段终止时的阶段权重。不难看出，当新增加一个阶段的决策信息，之前分析得到的各阶段的时间权重都会相应发生变化，这主要是由于加入了新的阶段信息，使得各阶段的重要度权重进行了重新分配。此外，模型 M-4.4 也可以对任一阶段之前各方案的绩效进行动态评价。

三　双重语言信息联动下多阶段决策过程

由上述分析可知，通过利用决策信息的导出偏好矩阵和专家判断矩阵之间的相似和继承关系，可以确定出各阶段的时间权重和属性权重，并进一步得到各评价方案的综合绩效 $X = (X_1, X_2, \cdots, X_m)^T$，其中 $X_i = \Delta\big(\sum_{t=1}^{p} \sum_{j=1}^{n} \lambda_t w_j^t \Delta^{-1}(x_{ij}^t)\big)$。假设专家对于方案在每一阶段的判断都是针对方案在全阶段下累积综合表现开展两两比较的结果，则各方案的最终表现则依赖于决策矩阵的动态集结结果和最后阶段的专家判断。由于备选方案的优选排序面临着决策依据信息和专家判断矩阵两类信息，需要根据决策者对两类信息的偏好程度来确定方案的综合绩效。

定义 4.8　假设决策专家对决策动态绩效矩阵 X_i 的偏好程度为 η（$\eta \in [0, 1]$，对专家判断矩阵的偏好程度为 $1-\eta$，r_i 为根据专家判断结果得到各方案的综合排序得分，则各备选方案的最终排序向量为 $\omega = (\omega_1, \omega_2, \cdots, \omega_m)^T$，其中

$$\omega_i = \eta\Delta^{-1}(X_i) + (1 - \eta)r_i \tag{4.4}$$

$$r_i = \frac{1}{m}\sum_{\beta=1}^{m} \Delta^{-1}(r_{\alpha\beta}), \quad i = 1, 2, \cdots, m \tag{4.5}$$

需要说明的是，决策者可以根据决策依据信息的完备度或专家主观偏好的可信度等因素来确定信息偏好程度 η，并依据排序向量 ω 对各方案进行选优排序。

① Winston W L. Operations research application and algorithms. Beijing：Tsinghua University Press, 2006.

因此，基于双重信息联动的多阶段决策步骤可归纳如下：

步骤1：参照文献［52］中的方法对语言判断矩阵的一致性水平进行检验，并根据二元语义转换规则将决策依据矩阵 $X^t = (x_{ij}^t)_{m \times n}$ 和专家偏好矩阵 $R^t = (r_{\alpha\beta}^t)_{m \times m}$ 中的语言变量信息转换为二元语义的形式。

步骤2：当 $t=1$ 时，构建并求解模型 M-4.2，可得第一阶段下的属性权重，继而可得第一阶段下各方案通过属性权重集结得到综合绩效。当 $t = l$（$l \geq 2$）时，由公式（4.3）确定导出偏好矩阵，并将前 $l-1$ 个阶段的属性权重带入模型 M-4.4，得到第 l 阶段的属性权重和 l 阶段之前的阶段权重；当 $t=p$ 时，可得评价阶段终止时的各阶段权重，利用该权重对各阶段的决策依据信息进行有效集结。

步骤3：根据阶段权重 λ_t 和各阶段的属性权重 w_j^t 对决策依据信息进行集结，得到各方案的动态综合绩效 X_i。

步骤4：根据公式（4.5）测算 p 阶段下专家判断的排序分数 r_i。

步骤5：根据决策者对两类信息的偏好程度 η，参照公式（4.4）计算备选方案的排序向量 ω，并依据 ω 结果对方案进行优选排序。

第四节　应用研究

为了加快产学研转化的效率，由高等院校牵头和组建的技术转移中心纷纷落地运行。技术转移中心的建立既是我国建设创新型国家的客观需要，也是提升区域自主创新能力的有效途径。为了促进科研技术创新成果的高效转化，确保江苏省产学研一体化和协同创新经费的有效利用，江苏省科技厅对其下属四个高校技术转移中心的运营效果进行考评，主要涉及如下四个指标：c_1 技术转移规模、c_2 技术转移项目等级、c_3 筹集经费能力和 c_4 技术转移工作成效。高校面向企业的技术转移活动是个长期而复杂的系统工程，科研技术创新的转移效果需要经过较长周期方能凸显，其间需要涉及多个阶段的评价工作。

通过3轮的专家访谈和实地调研，决策方已经获得了各项目在3个阶段内各属性指标下的具体表现（X^1、X^2、X^3）以及评价专家通过对四个高校技术转移中心整体绩效进行两两比较得到的语言判断矩阵（R^1、R^2、R^3）。其中，备选的语言评价标度集合为 $S\{s_0 = $ 极差，$s_1 = $ 很差，$s_2 = $ 差，$s_3 = $ 稍差，$s_4 = $ 一般，$s_5 = $ 稍好，$s_6 = $ 好，$s_7 = $ 很好，$s_8 = $ 极好$\}$。决策依据矩阵 X^t（$t=$

1, 2, 3) 和语言判断矩阵 $R^t(t = 1, 2, 3)$ 如下：

$$X^1 = \begin{pmatrix} s_3 & s_4 & s_8 & s_1 \\ s_1 & s_2 & s_5 & s_1 \\ s_4 & s_1 & s_8 & s_7 \\ s_6 & s_5 & s_4 & s_0 \end{pmatrix}, \quad X^2 = \begin{pmatrix} s_4 & s_4 & s_7 & s_3 \\ s_6 & s_3 & s_8 & s_4 \\ s_3 & s_0 & s_3 & s_6 \\ s_7 & s_1 & s_3 & s_4 \end{pmatrix}, \quad X^3 = \begin{pmatrix} s_6 & s_3 & s_7 & s_3 \\ s_4 & s_6 & s_6 & s_3 \\ s_2 & s_1 & s_6 & s_7 \\ s_4 & s_4 & s_5 & s_7 \end{pmatrix};$$

$$R^1 = \begin{pmatrix} s_4 & s_5 & s_3 & s_4 \\ s_3 & s_4 & s_2 & s_3 \\ s_5 & s_6 & s_4 & s_4 \\ s_4 & s_5 & s_4 & s_4 \end{pmatrix}, \quad R^2 = \begin{pmatrix} s_4 & s_3 & s_6 & s_5 \\ s_5 & s_4 & s_4 & s_5 \\ s_2 & s_2 & s_4 & s_3 \\ s_3 & s_3 & s_5 & s_4 \end{pmatrix}, \quad R^3 = \begin{pmatrix} s_4 & s_5 & s_6 & s_5 \\ s_3 & s_4 & s_5 & s_4 \\ s_2 & s_3 & s_4 & s_3 \\ s_3 & s_4 & s_5 & s_4 \end{pmatrix}。$$

根据本章之前分析，高校技术转移中心绩效的多阶段决策工作可以按照如下步骤展开：

步骤 1：参照文献 [52] 中的方法对语言判断矩阵的一致性水平进行检验，判断专家偏好矩阵是否满足一致性约束，并根据定义 4.3 将决策依据信息中的语言变量信息转化为二元语义的形式。

步骤 2：参照定义 4.6 根据决策依据信息构造导出偏好矩阵，构建模型 M-4.2，使用 Lingo 软件对其进行求解，可以得到第一阶段下评价属性权重为 w^1 (0.5383, 0.0919, 0.2194, 0.2414)^T；根据 w^1 数值构建并求解模型 M-4.4，可得第二阶段下评价属性权重为 w^2 (0.2508, 0.2481, 0.2226, 0.2785)^T 和截止到两阶段时各阶段的时间权重为 λ^2 (0.9100, 0.0900)^T；另将新得到的 w^1 和 w^2 代入 M-4.2，可得第三阶段下评价属性权重 $w^3 =$ (0.0299, 0.3562, 0.096, 0.5179)^T 和截止到三阶段时的阶段权重 $\lambda^3 =$ (0.258, 0.1188, 0.6232)^T。根据上面结果可以看出，由于各阶段决策矩阵中各属性表现的重新测度和专家对各方案整体效果评估工作的调整，不同阶段下评价属性权重发生了变化。与此同时，由于新阶段下评价和判断信息的补充，前两阶段的时间权重也相应有所调整，这些结果均反映了变权的思想。

步骤 3：通过得到的各阶段下属性权重和阶段权重对决策依据信息进行有效集结，可以确定各方案的综合表现为 $X =$ ((s_4, -0.29), (s_4, -0.13), (s_5, -0.29), (s_5, 0.14))^T。结果表明，从多阶段全周期角度，方案 a_4 的综合绩效最优，a_1 的整体表现最劣。

步骤 4：根据公式 (4.5)，测算得到 p 阶段下专家判断排序得分为

$r_1 = (s_4, -0.5)$，$r_2 = (s_4, 0)$，$r_3 = (s_5, -0.5)$，$r_4 = (s_4, 0)$。该结果表明，经过专家的综合判断，方案 a_3 的表现最优，a_1 的绩效最劣。

步骤 5：假设决策专家的信息偏好程度为 $\eta = 0.5$，根据公式（4.4）测算可得方案整体绩效的排序向量为 $\omega = ((s_4, -0.39), (s_4, -0.06), (s_5, -0.39), (s_5, -0.43))^T$。参照二元语义的排序关系，可得各评价方案优劣排序为 $a_3 \succ a_4 \succ a_2 \succ a_1$。

通过上述分析不难看出，单独依靠决策依据信息，得到的方案排序结果为 $a_4 \succ a_3 \succ a_2 \succ a_1$；单独依靠专家偏好信息，确定得到的方案排序结果为 $a_3 \succ a_4 \succ a_2 \succ a_1$。然而，两类决策信息都有各自的特征和优缺点。完全依赖某一种信息考量备选方案的表现都是不尽合理和全面的，而兼顾两类信息开展联合决策可以弥补单独依靠某一种信息可能带来的决策风险。此外，决策专家对两类决策信息的偏好程度会有所差异，进而会影响方案的综合绩效表现（分析结果如表 4.1 所示）。决策者的信息偏好程度可以根据决策依据信息的完备程度或专家水平的可信度来确定。

表 4.1   不同 η 水平下方案绩效及排序

η	ω	排序
0.1	$(s_4, -0.48)$, $(s_4, -0.01)$, $(s_5, -0.48)$, $(s_4, 0.11)$	$a_3 \succ a_4 \succ a_2 \succ a_1$
0.3	$(s_4, -0.44)$, $(s_4, -0.04)$, $(s_5, -0.44)$, $(s_4, 0.3)$	$a_3 \succ a_4 \succ a_2 \succ a_1$
0.5	$(s_4, -0.39)$, $(s_4, -0.06)$, $(s_5, -0.39)$, $(s_5, -0.43)$	$a_3 \succ a_4 \succ a_2 \succ a_1$
0.7	$(s_4, -0.35)$, $(s_4, -0.09)$, $(s_5, -0.35)$, $(s_5, -0.2)$	$a_4 \succ a_3 \succ a_2 \succ a_1$
0.9	$(s_4, -0.31)$, $(s_4, -0.11)$, $(s_5, -0.31)$, $(s_5, 0.03)$	$a_4 \succ a_3 \succ a_2 \succ a_1$

第五节　本章小结

大型复杂的决策问题通常需要经历多个评价阶段，其间往往会涉及多源多种结构的决策信息。因此，研究多重结构下的决策信息融合问题具有重要的理论价值和广泛的实际意义。本章针对同时含有决策依据信息和专家偏好信息的双重结构语言信息共同存在下的多阶段决策问题，通过将决策依据信息的语言变量转换为二元语义形式，设计了一类针对双重结构语言信息的融合方法；以决策依据信息的导出偏好矩阵和专家语言判断矩阵之间差异最小为目标，建立多目标优化模型，确定单一阶段下评价属性权重；分析多阶段情形下决策依据矩阵和专家判断矩阵的结构特点和变化特征，设计多阶段规划模型以探寻各阶段时间权重的表现特征；分析决策者对于双重信息的偏好程度水平，对备选方案的动态综合绩效和最终阶段下专家偏好信息进行集结，实现方案的选优决策。然而，双重以及多重结构下决策信息集结问题目前仅处于起步阶段，尚有较大的研究空间，作者将针对不同维度信息在其他表现形式的结构融合及联合推理等领域开展深入的后续研究。

第五章

基于双重语言信息交互修正的
多阶段群体决策方法研究

为了充分发挥专家团队的集体智慧，某些复杂的决策问题通常采取群体决策的方式。群体决策是一类由多个决策专家共同参与、分析并制订决策方案的决策过程。在多重决策信息的情形下，专家意见之间可能存在较大差异甚至矛盾的情况，需要对其进行修正。针对双重语言信息下的多阶段群体决策问题，本章研究了一种基于专家群体意见交互修正的语言信息多阶段决策方法。具体而言，依据双重语言信息之间的结构转化规则，提出基于专家综合偏好矩阵的专家有效性评价及修正方法。将专家判断矩阵和综合偏好矩阵之间的偏离度视为控制变量，构建一类目标规划模型以辨别群体中的弱有效性专家。以多维空间向量的形式表征专家意见，针对弱有效性专家，构建其意见的修正方法和修正步长测算模型。分析群体意见综合离差程度与阶段权重之间关系，以阶段间差异最小为原则测算阶段权重，进而在双重信息情形下开展语言信息的多阶段决策工作，综合考虑方案的全周期绩效，实现备选方案的优选决策。

第一节　问题描述及预备知识

一　问题描述

由于决策内外部环境的不确定性、决策背景的模糊性、决策过程的持续复杂性以及决策主体的有限理性，一些较为复杂的决策问题往往会涉及多方利益主体和多种形式的决策信息，需要广泛征集和寻求诸多领域的专家意见进行群体决策。尤其是在多阶段决策问题中，决策环境复杂多变、决策周期跨度较长、不确定信息总量大以及不同专家之间利益不一致甚至冲突等因素使得专家团队的内部成员之间经常存在一定的偏好差异，专家意见难以达到完全一致，甚至部分专家意见之间会出现较大分歧。因此，双重语言信息下多阶段群体决策问题需要经过专家群体之间持续多轮的协商交互和意见修正过程，在一定程度上达成群体共识，为复杂决策问题提供科学依据。

现如今，群体决策问题较为普遍，交互式群决策方法成为决策领域的热点问题，分别涉及不完全信息下的交互式群决策①②、依据残缺判断矩阵信息交互③④、通过比较群体间的排序结果⑤和群体一致性条件⑥来进行偏好交互等方法。通过梳理和分析现有文献不难看出，关于交互式群决策的相关研究较多，但是主要存在以下两点不足：（1）专家主观信息的交互过程主要限于在专家群体内部进行，忽视了决策依据信息等其他信息的影响。这样处理虽然能够保证群体的主观意见达到一致，但容易造成专家意见泛主观化的风险，也无法解释少数专家意见更逼近于实际的情况；（2）专家意见修正的过程比较主观和模糊，一般由专家本人结合已知的实际情况自发地调整评价信息。这种处理过程的调整效率较低，而且需要反复多次进行修正，很难保证每次的修正过程更加接近于理想值。

由于多阶段决策问题持续时间较长，实际决策过程往往会出现双重决策信息。一类是决策专家针对方案整体表现的优劣所做出的两两比较和主观判断信息（专家偏好信息）；另一类主要反映决策者对方案绩效进行决策判断的客观支持信息（决策依据信息）。例如，在突发公共事件的应急预案评价过程中，一方面决策者会邀请决策专家，根据其主观经验和自身专业知识，结合非预期突发事件的实际状况，针对若干应急预案的整体效

① Xu Z S. An interactive method for fuzzy multiple attribute group decision making. Information Sciences，2007，177（1）.

② Park K S，Kim S H，Tools for interactive multi-attribute decision making with incompletely identified information.，European Journal of Operational Research，1997，98（1）.

③ 徐泽水：《基于残缺互补判断矩阵的交互式群决策方法》，《控制与决策》2005年第8期。

④ 邸强、朱建军、刘思峰、郭倩、方志耕：《基于两类残缺偏好信息的交互式群决策方法研究》，《中国管理科学》2008年第10期。

⑤ Su Z X，Chen M Y，Xia G P，Wang L. An interactive method for dynamic intuitionistic fuzzy multi-attribute group decision making. Expert Systems with Applications，2011，38（12）.

⑥ Chuu S J. Interactive group decision-making using a fuzzy linguistic approach for evaluating the flexibility in a supply chain. European Journal of Operational Research，2011，213（1）.

果进行直观判断评价。另一方面，决策方会设计一些细化的评价指标，例如应急方案的系统完备性、实际可操作性、实施效果、费用的合理性和操作灵活性，通过分析备选方案在属性维度上的细化表现进行全方位考量，最终综合上述两方面的信息选择合理的应急方案，来提升决策的科学性和可靠性。针对双重信息下的决策问题，如何合理地兼顾上述两类信息并综合利用不同信息的优势是解决此类决策问题的重点和关键。

假设某多阶段决策问题存在备选方案集为 $A = \{a_1, a_2, \cdots, a_m\}$，$C = \{c_1, c_2, \cdots, c_n\}$ 为针对决策问题设计的评价属性集，$w = (w_1, w_2, \cdots, w_n)^T$ 为对应的属性权重向量，且满足 $w_j \geq 0$，$(j = 1, 2, \cdots, n)$，$\sum_{j=1}^{n} w_j = 1$。因此，多阶段决策过程的各个阶段中，主要存在以下两类决策信息：（1）决策依据信息。决策依据信息由方案集和属性集构成主要维度，通常表现为决策评价矩阵，其中元素 $X = (x_{ij})_{m \times n}$ 表示某阶段下第 i 个方案在第 j 个属性下的表现测度，描述了备选方案在各细化维度上的优劣表现。（2）专家偏好信息。专家团队中某成员 D_k（$k = 1, 2, \cdots, s$）通过对备选方案的综合表现进行两两比较，可以得到以语言变量表征的专家主观偏好信息，通常以语言判断矩阵 $R^k = (r_{\alpha\beta}^k)_{m \times m}$，$k = 1, 2, \cdots, s$，$\alpha, \beta \in \{1, 2, \cdots, m\}$ 的形式呈现。$\omega = (\omega_1, \omega_2, \cdots, \omega_s)$ 表征专家权重。$r_{\alpha\beta}^k$ 代表专家 D_k 对备选方案 α 和 β 的总体绩效进行主观判断的结果，反映了专家对备选方案整体绩效进行两两比较后得到的直观评价。因此，在双重语言信息作用下，如何有效地进行联动决策，是本章研究的主要内容。

解决上述问题主要存在以下两个难点：（1）两类语言信息各具优势，对备选方案可能得到一致的评价结果，也可能彼此之间出现冲突和矛盾。而专家群体中包含多个决策主体，多个专家的集体参与更增加了群体评价结果的不确定性。（2）专家群体评价的有效性不仅取决于团队成员各自对方案表现的直观判断，同时还直接受制于决策评价矩阵及其内在元素的影响，这些因素均增加了协调和统一专家群体偏好的难度。因此，专家团队成员如何进行合理的信息交互，快速且有效地修正个体可能存在的不合适偏好信息，是研究双重语言信息影响下群体多阶段决策问题的一个主要内容。

目前单独凭借专家的主观偏好信息或决策依据信息的决策方法较为丰

富[22-60]，但关于双重决策信息的融合和联动集结方法的相关研究较少。在较为复杂的多阶段决策问题中，决策依据信息来源广泛且客观真实，专家偏好信息可以充分利用专家的直觉判断和专业知识。上述两类信息各具特点，优势互补，均不可或缺。在群体信息的交互修正过程中，应综合考虑上述双重信息，避免单一依据专家主观意见进行决策所造成的决策风险和不足，综合考虑两类信息下的决策问题具有较大的现实意义。

基于上述考虑，本章提出了一类基于交互式修正思想的双重信息多阶段决策方法，主要内容如下：（1）依据双重语言信息的融合方法，定义方案的综合偏好矩阵以全面度量备选方案的总体表现，并以专家的判断矩阵与方案的综合偏好矩阵之间偏离程度最小为目标，建立目标规划模型，判别偏好暂时不满足阈值要求的弱有效性专家；（2）将专家偏好表征为多维空间向量，分析弱有效性专家意见的可能修正方向和最小修正步长，快速交互并修正弱有效性专家的偏好，提出单阶段下群体意见集结方法，实现备选方案的优选排序；（3）分析群体意见综合离差程度与阶段权重之间关系，以阶段间差异最小为原则测算阶段权重，并实现备选方案的多阶段信息集结，设计了多阶段群决策步骤流程图，以展现双重信息交互修正的多阶段决策框架。

二　预备知识

由于语言信息能够较好地表达出决策主体在决策过程中可能出现的思维模糊性，决策专家进行主观判断时常使用语言变量的形式，语言信息判断矩阵也被经常用于表征专家的偏好信息。假设现在存在七粒度语言变量集合 $S=$ ｜极差（Very weak），差（Weak），较差（A little weak），一般（General），较好（A little good），好（Good），极好（Very good）｜，评价专家可以从语言变量集 S 中选择其认为合适的语言要素，针对备选方案之间综合绩效进行两两比较，最终给出评价结果。

现如今，语言变量处理方法很多，可以利用各种定量转换方法，例如转换为模糊数、二元语义或有序算子，进而开展近似运算。由于二元语义能够有效地避免元素运算过程中可能出现的信息丢失和扭曲等情形，因此，本章后续研究首先将判断矩阵中的语言变量转化为二元语义的形式，其具体计算规则可见文献［4］［11］。

此外，决策依据信息体现了专家判断的背景依据信息，主要表现为备选方案在各评价属性下的实际测度，通常表现为 $m \times n$ 维度多属性决策矩阵，其中 m 为备选方案总数，n 为评价属性的数目。决策依据信息来源较为广泛，大多来自客观的实际调研结果或统计数据。此外，决策依据信息的变量形式种类多样，本章研究主要针对实数变量和语言变量同时存在的混合信息决策矩阵。根据埃雷拉和马丁内斯等人的研究成果（定义 5.1 和 5.2），决策评价矩阵中的实数变量也可以转化为二元语义的形式。

定义 5.1① 令 $\vartheta \in [0, 1]$ 和 $S = \{s_0, \cdots, s_g \mid g > 0\}$ 分别表示某个实数和一个语言变量集。通过如下映射规则可以将实数 ϑ 转化为关于语言变量集 S 的一个模糊集：

$$\tau : [0,1] \rightarrow F(S), \tau(\vartheta) = \{(s_0, \zeta_0), \cdots, (s_g, \zeta_g)\}, s_i \in S, \zeta_i \in [0,1],$$

$$\zeta_i = \mu_{s_i}(\vartheta) = \begin{cases} (\vartheta - a_i)/(b_i - a_i), a_i \leqslant \vartheta \leqslant b_i \\ (c_i - \vartheta)/(c_i - b_i), b_i \leqslant \vartheta \leqslant c_i \\ 0, 其他 \end{cases} \quad (5.1)$$

其中，$\mu_{s_i}(\vartheta)$ 是语言变量 s_i 对应三角模糊数的隶属度函数，a_i、b_i 和 c_i 为 $\mu_{s_i}(\vartheta)$ 的主要参数，分别为模糊数的下限、最可能值和上限。

定义 5.2[175] 令 $\tau(\vartheta) = \{(s_0, \zeta_0), \cdots, (s_g, \zeta_g)\}$ 是实数 $\vartheta \in [0, 1]$ 转化为 $S = \{s_\alpha \mid \alpha = 0, 1, \cdots, g\}$ 的一个模糊集，可以通过下面的映射关系将 $\tau(\vartheta)$ 转化为二元语义变量 β：

$$\chi : F(S_T) \rightarrow [0, g]$$

$$\chi(\tau(\vartheta)) = \chi(\{(s_j, \zeta_j), j = 0, 1, \cdots, g\}) = \sum_{j=0}^{g} j\zeta_j / \sum_{j=0}^{g} \zeta_j = \beta$$

$$(5.2)$$

第二节　语言判断矩阵和决策评价矩阵的预处理

一　语言判断矩阵预处理

由于数据来源和内在含义不同，双重语言信息在矩阵结构、变量特

---

① Herrera F, Martinez L. An approach for combining linguistic and numerical information based on the 2-tuple fuzzy linguistic representation model in decision-making. International Journal of Uncertainty, Fuzziness and Knowledge-Based Systems, 2000, 8 (5).

征、表现形式等方面存在一定的差异，本节需要对两类语言信息进行预处理，使其在数据形式、矩阵结构和作用内涵上具有直接可比性。

令专家群体给出的初始（未修正）语言判断矩阵为 $R^k = (r^k_{\alpha\beta})_{m \times m}$，$(k = 1, 2, \cdots, s)$，其中，$r^k_{\alpha\beta}$ 为语言变量集中某元素，即 $r^k_{\alpha\beta} \in S = \{s_t \mid t = 0, 1, \cdots, g\}$，$g > 0$，$r^k_{\alpha\alpha} = s_{g/2}$ 且 $r^k_{\alpha\beta} = s_t$，$r^k_{\beta\alpha} = neg(s_t)$。考虑到二元语义能够有效地避免语言信息集结和运算中可能出现的信息损失，根据文献［11］的方法，可将语言判断矩阵转换为二元语义形式的判断矩阵 $R^k = ((r^k_{\alpha\beta}, 0))_{m \times m}$，$(k = 1, 2, \cdots, s)$。

通过上面的转换，可以参照二元语义的计算规则进行后续计算，从而避免了语言变量转化过程中出现信息丢失的现象。

二 基于决策依据信息的导出偏好矩阵生成

决策依据信息主要描述备选方案在各评价属性下的细化表现。作为决策依据信息的表现形式和载体，决策评价矩阵在矩阵结构、变量组成、内在含义等方面与专家判断矩阵之间存在较大的差异。由定义 5.1 和定义 5.2 可知，实数型决策评价矩阵经规范化处理后可以转化为一类二元语义型决策评价矩阵。经过处理后得到的二元语义型决策评价矩阵与专家判断矩阵在内部变量的含义和形式上达成了基本的一致。依据 4.2.2 节中定义 4.6 可将二元语义型决策评价矩阵转化后得到其导出偏好矩阵，以保证双重信息在结构上具有一致性。

假设二元语义型决策评价矩阵为 $X' = (x'_{ij})_{m \times n} = (\beta_{ij})_{m \times n}$，其中，$\beta_{ij}$ 为根据定义 5.1 和 5.2 转化得到各备选方案在各评价属性下的二元语义数值。另设 $C_i = \sum_{j=1}^{n} w_j \beta_{ij}$ 为方案 i 经过属性权重集结后得到的综合绩效，则决策评价矩阵 X 经转化可得到 m 维导出偏好矩阵 $\widetilde{R} = (\tilde{r}_{\alpha\beta})_{m \times m}$，其中

$$\tilde{r}_{\alpha\beta} = \Delta\left(\frac{1}{2}(\Delta^{-1}(s_g, 0) + C_\alpha - C_\beta)\right), \quad \alpha, \beta \in \{1, 2, \cdots, m\}$$

$$(5.3)$$

依据定理 4.1 和 4.2 同样可得 m 维导出偏好矩阵 $\widetilde{R} = (\tilde{r}_{\alpha\beta})_{m \times m}$ 是一类二元语义型判断矩阵，满足判断矩阵的互补性和可加一致性条件，具体可参见 4.2.2 节中定理 4.1 和 4.2，在此不再赘述。根据上述定理不难发

现，决策评价矩阵的导出偏好矩阵既满足二元语义型判断矩阵的主要性质，又与决策专家提出的语言判断矩阵在变量形式和矩阵结构上达成一致，为双重信息下的群体交互决策方法提供了数据信息基础。

第三节　双重语言信息下专家偏好信息修正方法研究

在群体决策问题中，决策团队成员个人判断的有效性直接制约了群体意见的一致性效果。如果某些群成员的个人偏好与团队其他成员的看法或客观的评价矩阵信息存在较大的出入，群体判断意见的可信度将受到一定的影响。目前，现有文献研究群体意见的交互方法时，主要依据团队成员之间[173]、个体判断与群体意见之间的差异程度[169-172]或相似程度[174]等信息，分析专家群体偏好意见的有效性。在现实的决策问题中，由于专家个人的偏好意见存在一定的主观性和模糊性，仅仅从群成员的偏好信息着手开展分析，可能会遗漏某些重要信息或容易忽视持有正确判断的专家。因此，对于同时包含客观的决策依据信息和主观的专家偏好信息的决策问题，通过分析群体成员的集体偏好与决策依据信息之间的内在联系，能够使得群体偏好的集结过程和结果具备更高的可信度。本节通过设计一类目标规划模型，探寻双重语言信息下专家有效性判定以及意见交互方法。

一　弱有效性专家的辨别方法

定义 5.3　由于受到个人专业知识和主观经验等限制，专家群体中可能会有部分成员的偏好看法与其他成员的意见或决策评价矩阵之间存在一定的偏差。如果该成员意见的偏差程度超过一定的阈值，该专家意见的有效性就比较差，相应的专家成员将不被信任，本章将其称为弱有效性专家。

在同时包含双重信息的决策问题中，分析专家意见的有效性需要综合考虑专家群体意见的偏好和决策评价矩阵的导出偏好（以下称"导出偏好"）两方面的因素。由于不同类别的信息具备各自优势，上述处理思路既可以反映专家群体意见的整体效果，又能够衡量专家个人意见与客观的决策评价矩阵之间可能存在的差异。如图 5.1 所示，本节将专家成员的个人偏好、决策评价矩阵的导出偏好以及专家群体意见描述为 N 维空间中的若干点，将客观的导出偏好点与主观的群体偏好点连线上的某一点设定为圆心，并以阈值为半径绘制圆形区域。明显看出，圆周范围以外的点对应的专家意见与圆心所对应的综合决策信息偏差较大，这些专家可以视为弱有效性专家。

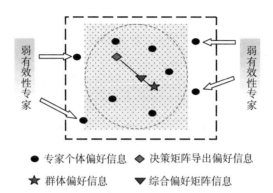

图 5.1　弱有效性专家示意图

定义 5.4　令 $\widetilde{R} = (\widetilde{r_{\alpha\beta}})_{m \times m}$ 和 $R^k = ((r_{\alpha\beta}^k, 0))_{m \times m}$，$k = 1, 2, \cdots, s$，分别表示以二元语义描述的导出偏好矩阵和专家判断矩阵，$R = (r_{\alpha\beta})_{m \times m}$ 为经过集结得到的群体偏好意见，则称 $\overline{R} = (\overline{r_{\alpha\beta}})_{m \times m}$ 为综合考虑决策依据信息的导出偏好和专家偏好等双重信息下的综合偏好矩阵。其中

$$\overline{r_{\alpha\beta}} = \Delta(\theta\Delta^{-1}(r_{\alpha\beta}) + (1 - \theta)\Delta^{-1}(r_{\alpha\beta}))$$

$$= \Delta(\theta\Delta^{-1}(r_{\alpha\beta}) + (1 - \theta)\sum_{k=1}^{s} \omega_k \Delta^{-1}(r_{\alpha\beta}^k)) \tag{5.4}$$

公式（5.4）中，$\theta(0 \leqslant \theta \leqslant 1)$ 为信息类别权重，代表决策者对两类决策矩阵信息的重视程度。

定义 5.5　设 $\overline{R} = (\overline{r_{\alpha\beta}})_{m \times m}$ 和 $R^k = ((r_{\alpha\beta}^k, 0))_{m \times m}$，$k = 1, 2, \cdots, s$，分别为专家群体给出的综合偏好矩阵和专家 k 给出的判断矩阵，令 $d(\overline{R}, R^k)$ 为 $\overline{R}$ 和 R^k 的偏离度，则

$$d(\overline{R}, R^k) = \frac{1}{m^2} \sum_{\alpha=1}^{m} \sum_{\beta=1}^{m} \left| \frac{\Delta^{-1}(\overline{r_{\alpha\beta}}) - \Delta^{-1}(r_{\alpha\beta}^k)}{g} \right|$$

偏离度 $d(\overline{R}, R^k)$ 反映了第 k 个专家的个人偏好与综合偏好信息之间的差异程度。根据定义 5.5 可以看出，$0 \leqslant d(\overline{R}, R^k) \leqslant 1$ 且 $d(\overline{R}, R^k) = d(R^k, \overline{R})$。$d(\overline{R}, R^k)$ 越接近于 1，说明专家 k 的判断信息与综

合偏好矩阵信息之间偏离度越大；反之亦然。

在上述决策问题中，专家权重 $\omega = \{\omega_1, \omega_2, \cdots, \omega_s\}$ 为未知变量。由于专家权重未知具有较大的不确定性，参照极大熵原理[167]，可以通过设计专家权重 $\omega = \{\omega_1, \omega_2, \cdots, \omega_s\}$ 使得整个决策工作的不确定性尽量减少。基于上述思想，设定阈值 ε，建立目标规划模型如 M-5.1 所示，以判别专家群体中的弱有效性专家。

$$\min = d_1^+ + d_2^+ + \cdots + d_s^+$$

$$\max = -\sum_{k=1}^{s} \omega_k \ln\omega_k$$

$$\text{s.t.} \begin{cases} \dfrac{1}{m^2 g}\sum_{\alpha=1}^{m}\sum_{\beta=1}^{m} \mid \left(\theta\Delta^{-1}(r_{\alpha\beta}) + (1-\theta)\sum_{k=1}^{s}\omega_k\Delta^{-1}(r_{\alpha\beta}^k)\right) - \Delta^{-1}(r_{\alpha\beta}^k)\mid - d_k^+ + d_k^- = \varepsilon \\ d_k^+, d_k^- \geqslant 0, k = 1,2,\cdots,s \\ 0 \leqslant \omega_k \leqslant 1 \\ \sum_{k=1}^{s}\omega_k = 1 \end{cases}$$

$$(\text{M-5.1})$$

针对模型 M-5.1，可以根据决策工作需求来设定两个目标的重要度权重，并转化为单目标规划模型。求解转化后的单目标规划模型可得 $d_k^+(k = 1, 2, \cdots, s)$ 和专家权重 $\omega_k(k = 1, 2, \cdots, s)$。其中，偏离度的阈值 ε 可由决策工作的组织者根据决策问题精度的要求进行合理设置。一般而言，决策精度越高，阈值 ε 越小；反之亦然。若存在 $d_k^+ \neq 0$，则表示第 k 个专家给出的个人判断与综合偏好信息之间的偏离度超过阈值，可以判定第 k 个专家为弱有效性专家，需要对其判断矩阵进行适当修正。需要注意的是，模型 M-5.1 求得的专家权重 ω_k 仅用于判别出群体中需要修正意见专家，并不是决策问题中最终设计的专家权重。

二　弱有效性专家意见的交互修正模型

根据上节可知，若某专家给出的偏好信息与方案的综合偏好信息之间存在较大的差异，并且偏离度超过设定的阈值范围时，可以认定该专家的意见不具备有效性。弱有效性专家给出的偏好意见需要结合专家偏好和决策依据信息进行修正，以确保调整后的偏好更贴近方案的综合偏好信息。

专家意见的修正过程不仅受到其他专家偏好意见的影响，还需考虑从决策评价矩阵中导出的偏好信息。由于修正过程涉及的信息量较大，尤其在面临大规模专家群体或较复杂的决策评价矩阵时，交互修正工作一般具备较大的难度。若仅仅根据专家主观经验和专业知识对弱有效性专家的意见进行交互修正，容易出现偏好信息的修正方向远离实际目标的情况，进而加大信息交互的时间及成本。因此，本节提出一类新的专家偏好交互修正的流程及算法，能够快速地修正弱有效性专家的偏好信息，提升专家群体意见的交互效率和修正效果。

定义 5.6　令导出偏好矩阵 $\widetilde{R}$ 和群体偏好矩阵 R 的第 α 行 $\alpha \in \{1,$ $2, \cdots, m\}$ 元素分别为 N 维空间的向量 P_α 和 Q_α，其中，$P_\alpha = (\widetilde{r_{\alpha 1}},$ $\widetilde{r_{\alpha 2}}, \cdots, \widetilde{r_{\alpha m}})$，$Q_\alpha = (r_{\alpha 1}, r_{\alpha 2}, \cdots, r_{\alpha m})$，则称 P_α 为决策评价信息的导出偏好向量，称 Q_α 为群体偏好向量。设 $O_\alpha = (\overline{r_{\alpha 1}}, \overline{r_{\alpha 2}}, \cdots, \overline{r_{\alpha m}})$ 为综合偏好向量，则 O_α 位于 P_α 和 Q_α 连线上，其中 Q_α 中的元素 $\overline{r_{\alpha\beta}}$ 可根据公式 5.4 得到。同理，称 D_α^k（第 k 个专家给出偏好矩阵 R^k 的第 α 行）为弱有效性专家 k 的偏好向量。

如图 5.2 所示，以点 D_α^k 为起点，向终点 O_α 做一条有向直线，则若专家 k 的偏好向量沿着这条直线的正方向进行调整，则调整后的偏好意见会逐渐接近于目标点，即方案综合偏好信息。

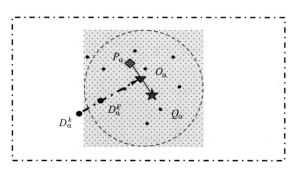

图 5.2　弱有效性专家交互修正过程示意图

定义 5.7　设 $D_\alpha^k = (r_{\alpha 1}^k, \cdots, r_{\alpha\beta}^k, \cdots, r_{\alpha m}^k)$ 为弱有效性专家 k 修正前意见向量，$D_\alpha^{k\prime} = (r_{\alpha 1}^{k\prime}, \cdots, r_{\alpha\beta}^{k\prime}, \cdots, r_{\alpha m}^{k\prime})$ 为专家 k 经过修正后的意见向量，l 为 D_α^k 沿 $D_\alpha^k \rightarrow O_\alpha$ 移动的步长，则

$$\Delta^{-1}(D_\alpha^{k'}) = \Delta^{-1}(D_\alpha^k) + \frac{\Delta^{-1}(D_\alpha^k O_\alpha)}{|D_\alpha^k O_\alpha|} \times l \qquad (5.5)$$

公式中，$D_\alpha^k O_\alpha$ 表示点 D_α^k 到点 O_α 的矢量。

定理 5.1　D_α^k 沿 $D_\alpha^k \to O_\alpha$ 的优化方向，必然逐步收敛于 O_α。

证明：在修正方向 $D_\alpha^k \to O_\alpha$ 已知且正确的前提下，只需证明 $|D_\alpha^{k'} O_\alpha| \leqslant |D_\alpha^k O_\alpha|$ 即可，其中 $D_\alpha^{k'} O_\alpha$ 表示点 $D_\alpha^{k'}$ 到点 O_α 的矢量。

$$|D_\alpha^{k'} O_\alpha| = |O_\alpha - D_\alpha^{k'}| = \left| O_\alpha - D_\alpha^k - \frac{D_\alpha^k O_\alpha}{|D_\alpha^k O_\alpha|} \times l \right| = \left| D_\alpha^k O_\alpha - \frac{D_\alpha^k O_\alpha}{|D_\alpha^k O_\alpha|} \times l \right| =$$

$$|D_\alpha^k O_\alpha(1 - l/|D_\alpha^k O_\alpha|)|$$

由图 5.2 可知，$0 \leqslant l \leqslant |D_\alpha^k O_\alpha|$，则由上式可得，$|D_\alpha^{k'} O_\alpha| \leqslant |D_\alpha^k O_\alpha|$。

将相关变量代入公式（5.5），展开可得：

$$\Delta^{-1}(r_{\alpha\beta}^{k'}) = \Delta^{-1}(r_{\alpha\beta}^k) + \frac{l[\Delta^{-1}(\overline{r_{\alpha\beta}}) - \Delta^{-1}(r_{\alpha\beta}^k)]}{\left(\sum\limits_{\beta=1}^m (\Delta^{-1}(\overline{r_{\alpha\beta}}) - \Delta^{-1}(r_{\alpha\beta}^k))^2\right)^{1/2}} =$$

$$\Delta^{-1}(r_{\alpha\beta}^k) + \frac{l[\theta\Delta^{-1}(r_{\alpha\beta}) + (1-\theta)\sum\limits_{k=1}^s \omega_k \Delta^{-1}(r_{\alpha\beta}^k) - \Delta^{-1}(r_{\alpha\beta}^k)]}{\left[\sum\limits_{\beta=1}^m [\theta\Delta^{-1}(r_{\alpha\beta}) + (1-\theta)\sum\limits_{k=1}^s \omega_k \Delta^{-1}(r_{\alpha\beta}^k) - \Delta^{-1}(r_{\alpha\beta}^k)]^2\right]^{1/2}}$$

其中，ω_k 可根据模型 M-5.1 得到，θ 可根据决策者对决策信息的偏好和信任程度确定。因此可以明显看出，修正后的偏好 $\Delta^{-1}(r_{\alpha\beta}^{k'})$ 是关于步长 l 的函数。

设 $\Delta^{-1}(\dot{r}_{\alpha\beta}) = \dfrac{[\Delta^{-1}(\overline{r_{\alpha\beta}}) - \Delta^{-1}(r_{\alpha\beta}^k)]}{\left(\sum\limits_{\beta=1}^m (\Delta^{-1}(\overline{r_{\alpha\beta}}) - \Delta^{-1}(r_{\alpha\beta}^k))^2\right)^{1/2}}$，则上式可表示为：

$$\Delta^{-1}(r_{\alpha\beta}^{k'}) = \Delta^{-1}(r_{\alpha\beta}^k) + l \times \Delta^{-1}(\dot{r}_{\alpha\beta})$$

由于修正后的专家意见会直接影响到专家群体意见以及专家权重，因此，专家权重信息需要进行重新设计，以保证修正后的专家意见能够满足阈值要求，则令

$$\varepsilon \geqslant \frac{1}{m^2 g}\sum_{\alpha=1}^m \sum_{\beta=1}^m |\Delta^{-1}(\overline{r_{\alpha\beta}}) - \Delta^{-1}(r_{\alpha\beta}^{k'})| =$$

$$\frac{1}{m^2 g}\sum_{\alpha=1}^m \sum_{\beta=1}^m \left|\theta\Delta^{-1}(\tilde{r}_{\alpha\beta}) + (1-\theta)\sum_{k=1}^s \omega_k \Delta^{-1}(r_{\alpha\beta}^k) - \Delta^{-1}(r_{\alpha\beta}^k) - l \times \Delta^{-1}(\dot{r}_{\alpha\beta})\right|$$

其中，专家权重 ω_k 为未知变量。为了获得满意的交互效率，使得交互修正的次数最小，构建如下模型以测算最小的移动步长。

$$\min l$$

$$\text{s.t.} \begin{cases} \dfrac{1}{m^2 g} \sum_{\alpha=1}^{m} \sum_{\beta=1}^{m} \left| \theta \Delta^{-1}(\tilde{r}_{\alpha\beta}) + (1-\theta) \sum_{k=1}^{s} \omega_k \Delta^{-1}(\hat{r}_{\alpha\beta}^k) - \Delta^{-1}(\hat{r}_{\alpha\beta}^k) - l \times \Delta^{-1}(\hat{r}_{\alpha\beta}) \right| \leqslant \varepsilon \\ \sum_{k=1}^{s} \omega_k = 1 \\ 0 \leqslant \omega_k \leqslant 1 \end{cases}$$

结合 Matlab 软件对模型 M-5.2 进行仿真求解，可以得到最小步长 l^*。根据公式（5.5）可以确定弱有效性专家意见通过信息交互修正形成的有效判断矩阵。由于专家群体判断矩阵和专家权重发生了变化，群体偏好信息（即图 5.2 的 O_α 点）也会有所变化。因此，需要重复上述过程，通过求解模型 M-5.1 对弱有效性专家进行判别，直至所有专家的偏好意见与方案综合偏好矩阵之间的偏离度符合阈值要求，并得到最优情形下的专家权重。

若专家群体中不存在弱有效性专家时，根据公式（5.4）可以确定以二元语义表征的方案综合偏好矩阵 $\overline{R} = (\overline{r}_{\alpha\beta})_{m \times m}$。现有文献对二元语义判断矩阵下的排序方法研究较为成熟，本章则使用文献［176］的方法确定各备选方案的优选排序。

第四节　基于修正后专家偏好信息的多阶段决策方法研究

上节仅根据单阶段专家群体偏好信息进行交互修正，合理设置单阶段下专家权重，使得所有专家的偏好满足阈值要求。本节将上节研究拓展到多阶段群决策问题中，通过研究专家群体偏好的累计偏离度与阶段权重之间的关系，合理设置阶段的重要度权重，进而对各阶段专家群体意见进行集结。

一　阶段权重设置模型

假设存在某个多阶段群体决策问题，阶段总数为 p。另设第 $t(t = 1,$

2，…，p）个阶段下，第 k（k = 1，2，…，s）个专家偏好经过修正后为 $R^{k'}$（对于非弱有效性专家意见，认为 $R^{k'} = R^k$，修正力度为 0），通过该阶段下专家权重 $\omega^{t*} = (\omega_1^{t*}, \omega_2^{t*}, \cdots, \omega_s^{t*})$ 集结得到群体偏好 R^t 和综合偏好矩阵 $\overline{R^t}$。根据定义 5.5，可得第 t 阶段经过修正的专家偏好矩阵 $R^{k'}$ 与方案综合偏好矩阵 $\overline{R^t}$ 之间的偏离度之和 D^t 为

$$D^t = \sum_{k=1}^{s} \omega_k^{t*} d(\overline{R^t}, R^{k'}) = \sum_{k=1}^{s} \frac{\omega_k^{t*}}{m^2} \sum_{\alpha=1}^{m} \sum_{\beta=1}^{m} \left| \frac{\Delta^{-1}(\overline{r_{\alpha\beta}^t}) - \Delta^{-1}(r_{\alpha\beta}^{k'})}{g} \right|$$

$$(5.6)$$

阶段 t 下专家群体的累计偏离度 D^t 数值越小，表明专家意见越集中，群体共识性越好，则对应阶段的专家群体意见质量越高。在多阶段决策问题中，阶段权重是用来集结专家多阶段决策信息的有效指标，也是衡量各阶段专家群体决策工作重要性的关键参数。阶段权重不仅体现了各阶段下专家群体的决策质量，也反映了各阶段专家群体判断信息的优劣程度。具体而言，某阶段下备选方案背景支持信息越清晰，专家判断的可靠性越强，群体决策工作的质量越高，阶段的累计偏离度 D^t 越小；反之亦然。

根据文献［177］的相关研究成果，可以认为某阶段下专家判断的累计偏离度 D^t 与该阶段的重要度权重（阶段权重）λ_t 之间存在一定的内在关系。基于上述思想，t（t=1，2，…，p）阶段下专家群体判断矩阵的累计偏离度 D^t 与阶段权重 λ_t 之间存在如下函数关系：（1）柔性公式：$\hat{\lambda}_t = \dfrac{\exp(-\alpha \cdot D^t)}{\sum_{t=1}^{p} \exp(-\alpha \cdot D^t)}$；（2）惩罚性公式：$\widetilde{\lambda}_t = \dfrac{(D^t)^{-\alpha}}{\sum_{t=1}^{p} (D^t)^{-\alpha}}$。其中，$\alpha \geq 1$（在实际应用中可取经验数值 $\alpha = 2^{[177]}$）。考虑到柔性公式对质量较好的群体偏好鼓励力度有限，而惩罚性公式对质量较差的群体偏好惩罚过重，本书假定阶段权重 λ 介于两种情形之间。

令 $\underline{\lambda_t} = \min(\hat{\lambda}_t, \widetilde{\lambda}_t)$，$\overline{\lambda_t} = \max(\hat{\lambda}_t, \widetilde{\lambda}_t)$，则可以认为阶段权重 $\lambda_t \in [\underline{\lambda_t}, \overline{\lambda_t}]$。参照文献［112］提出的阶段权重差异最小原则，设计阶段权重求解模型如下：

$$\min Z(\lambda_t) = \sum_{t=1}^{p} \frac{1}{p} \left(\lambda_t - \frac{1}{p} \sum_{t=1}^{p} \lambda_t \right)^2$$

$$s.t. \begin{cases} \lambda_t \in [\underline{\lambda_t}, \overline{\lambda_t}], \ t = 1, 2, \cdots, p & (\text{I}) \\ \lambda_t \in [0, 1], \ t = 1, 2, \cdots, p & (\text{II}) \\ \sum_{t=1}^{p} \lambda_t = 1, \ t = 1, 2, \cdots, p & (\text{III}) \end{cases} \quad (\text{M-5.3})$$

其中，目标函数表示阶段权重之间的方差达到最小，进而使得阶段权重之间的差异最小化。

定理 5.2　模型 M-5.3 必存在最优解 λ_t^*。

证明：由于 $\underline{\lambda_t}$，$\overline{\lambda_t} \in [0, 1]$，$t = 1, 2, \cdots, p$，则约束条件（II）为软约束。可将模型 M-5.3 转化成非线性规划标准形式如下：

$$\begin{cases} \min Z(\lambda_t) = \sum_{t=1}^{p} \frac{1}{p} \left(\lambda_t - \frac{1}{p} \sum_{t=1}^{p} \lambda_t \right)^2 \\ g_1(\lambda_t) = \lambda_t - \underline{\lambda_t} \geqslant 0 \\ g_2(\lambda_t) = \overline{\lambda_t} - \lambda_t \geqslant 0 \\ g_3(\lambda_t) = \sum_{t=1}^{p} \lambda_t - 1 = 0 \end{cases}$$

其中目标函数和约束函数的梯度为：$\nabla Z(\lambda_t) = \frac{2}{p} \lambda_t$，$\nabla g_1(\lambda_t) = 1$，$\nabla g_2(\lambda_t) = -1$，$\nabla g_3(\lambda_t) = 1$。引入广义拉格朗日乘子 γ_1^*，γ_2^* 和 γ_3^*，设 Kuhn-Tucker（K-T）点为 λ_t，则上述问题的 K-T（Kuhn-Tucker，库恩-塔克）条件如下：

$$\begin{cases} \frac{2}{p} \lambda_t - \gamma_1^* + \gamma_2^* - \gamma_3^* = 0, \ \gamma_1^* (\lambda_t - \underline{\lambda_t}) = 0 \\ \gamma_2^* (\overline{\lambda_t} - \lambda_t) = 0, \ \gamma_3^* \left(\sum_{t=1}^{p} \lambda_t - 1 \right) = 0 \\ \gamma_1^*, \ \gamma_2^*, \ \gamma_3^* \geqslant 0 \end{cases} \quad (5.7)$$

由求解方程组（5.7）可知，当 $\gamma_1^* \neq 0$，$\gamma_2^* = 0$，$\forall \gamma_3^* \neq 0$ 或 $\gamma_1^* = \gamma_2^* = 0$，$\gamma_3^* \neq 0$ 时，如果 $\lambda_t = \frac{1}{p} \in [\underline{\lambda_t}, \overline{\lambda_t}]$，$t = 1, 2, \cdots, p$，则 λ_t 为一个全局极小点。

此外，由于 $\sum_{t=1}^{p} \hat{\lambda}_t = 1$ 和 $\sum_{t=1}^{p} \widetilde{\lambda}_t = 1$，不难看出 $\lambda_t = \hat{\lambda}_t$ 和 $\lambda_t = \widetilde{\lambda}_t$ 同样为模型 M-5.3 的可行解。因此，模型 M-5.3 可行域非空，必定存在最优解。

在实际问题中，决策者对阶段权重可能存在一些主观认知和先验信息，如某阶段权重的变动范围、不同阶段权重之间的比例关系等。可将类似的先验信息转化为约束条件加入模型 M-5.3 中，结合拉格朗日乘数法或 K-T 条件探寻其解析解 λ_t^*。如果模型过于复杂，可以使用 Lingo、Matlab 等软件得到其仿真解。

二　多阶段决策步骤及流程图

根据上述分析，基于双重语言信息交互修正的多阶段群体决策方法实施步骤可以总结如下。需要说明的是，各决策阶段均需要经过步骤 1—6，得到阶段 t（$t=1,2,\cdots,p$）下方案的综合偏好矩阵 $\overline{R^t} = (\overline{r_{\alpha\beta}^t})_{m\times m}$，再通过步骤 7 所得的阶段权重 λ_t^* 对 $\overline{R^t}$ 进行集结。

步骤 1：语言数据预处理，参照二元语义转换规则，将阶段 t 下专家给出的语言判断矩阵转化为二元语义型判断矩阵；根据 5.2.2 节方法将方案的决策评价矩阵转化为用二元语义表示的导出偏好矩阵。

步骤 2：调研专家意见，设计决策评价矩阵的偏好程度 θ；根据决策工作的具体要求，确定模型 M-5.1 中的修正阈值 ε。

步骤 3：设计并求解模型 M-5.1，若专家团队中不存在弱有效性专家 k，即 $\forall k$，$d_k^+=0$，则转步骤 6；若存在弱有效性专家 k，即 $\exists k$，$d_k^+\neq 0$，则 D_k 为弱有效性专家。

步骤 4：设计并求解模型 M-5.2，针对弱有效性专家 k，确定其偏好移动的最小步长 l。

步骤 5：根据公式（5.5），求得经过修正后的专家群体判断矩阵，转入步骤 3。

步骤 6：求解模型 M-5.1 得到最终专家权重，并根据公式（5.4）计算阶段 t 下符合阈值要求的方案综合偏好矩阵 $\overline{R^t} = (\overline{r_{\alpha\beta}^t})_{m\times m}$，并求得本阶段专家群体的偏离度 D^t。

步骤 7：设计并求解模型 M-5.3，得到阶段差异最小原则下阶段权重 λ_t^*；根据各阶段的时间权重 λ_t^* 集结对应阶段的方案综合偏好矩阵 $\overline{R^t} = (\overline{r_{\alpha\beta}^t})_{m\times m}$；针对方案全周期综合偏好矩阵 $\overline{\overline{R}} = \sum_{t=1}^{p} \lambda_t^* \overline{R^t}$，使用文献［176］

的方法对备选方案进行优选排序。

　　根据上述步骤，可以绘制算法流程图，如图 5.3 所示。

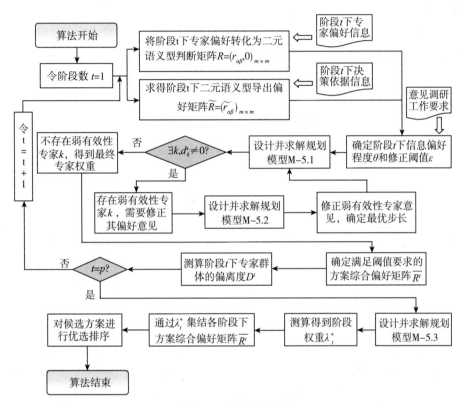

图 5.3　算法流程图

　　通过分析上述决策步骤，基于双重信息交互式联动修正的多阶段群体决策方法具有以下特点：

　　（1）设计了一套双重语言信息的结构性融合方法，通过设计方案的综合偏好矩阵以衡量备选方案的整体绩效表现。这样处理既能反映决策专家凭借主观经验给出的判断结果，又能够获得方案多属性评价信息的客观决策支持。

　　（2）将方案的综合偏好矩阵与专家偏好信息之间的偏离程度视为决策工作的控制变量，通过确定其阈值，构建目标规划模型以辨别某阶段下专家群体中可能存在的弱有效性专家，避免仅从群体偏好差异的视角判定专家有效性可能带来的决策风险和不足。

　　（3）以多维空间向量合理表征专家的偏好信息。一方面确定弱有效性专家意见的修正方向，另一方面以交互优化的思想测算弱有效性专家意见修正移动的最小步长。这样处理能够通过计算机仿真快速交互和修正专家偏好。

（4）分析各阶段专家群体意见的累计偏计度与阶段权重之间的关系，以阶段权重离差最小为原则确定阶段权重，有效集结各阶段下方案的综合偏好信息，从全评价周期的角度对备选方案进行优选决策。

第五节　应用研究

一　背景分析

某运载火箭技术研究院针对某型号钛合金供应商的市场竞争力开展决策工作，进而从中挑选出最满足其要求的合作伙伴。根据前期调研结果，分别从企业规模（c_1，单位：万元）、平均利润率（c_2，单位：百分比）、客户满意度（c_3，单位：百分比）、市场信誉（c_4，主观评价）、战略目标匹配（c_5，主观评价）五个评价维度搜集企业相关信息，如表 5.1 所示。上述五个评价指标从不同角度表征企业竞争力，其中企业规模体现供应商的总资产；平均利润率主要反映企业的盈利能力，两者均可从企业的财务报表中获取具体数据；客户满意度反映供应商的市场客户对其产品的评价，其好评信息可以用百分比形式呈现；市场信誉反映该供应商在市场经营过程中的信用和名声；战略目标匹配反映供应商与研究院战略发展目标之间的关联性，两者均可以由语言信息表示。经专家讨论确定上述 5 个属性的权重分别为 $w = \{0.15, 0.35, 0.35, 0.05, 0.1\}$。

为了增加供应商选择的可靠性，研究院聘请了 5 位专家组成专家团队，针对 4 个候选企业及其产品的整体竞争能力进行 3 个阶段评估。令供专家选择的 7 粒度语言变量集为 $S = \{s_0 = 极差, s_1 = 差, s_2 = 稍差, s_3 = 一般, s_4 = 稍好, s_5 = 好, s_6 = 极好\}$，对应的三角模糊数集分别为 $\{[0, 0, 0.17], [0, 0.17, 0.33], [0.17, 0.33, 0.5], [0.33, 0.5, 0.67], [0.5, 0.67, 0.83], [0.67, 0.83, 1], [0.83, 1, 1]\}$。上述三角模糊数的隶属度函数如图 5.4 所示。

表 5.1	决策评价矩阵信息				
候选企业 ＼ 属性表现	c_1（15%）	c_2（35%）	c_3（35%）	c_4（5%）	c_5（10%）
a_1	738	12%	70%	s_6	s_6
a_2	135	4%	24%	s_2	s_2
a_3	326	25%	71%	s_4	s_6
a_4	136	13%	78%	s_2	s_1

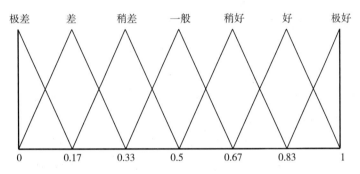

图 5.4　S 对应的三角模糊数隶属度示意图

二　单阶段专家群体意见修正和集结过程

（1）单阶段专家群体意见修正过程

由于修正过程涉及较多的评价信息，本部分以第一阶段为例，给出专家意见修正过程。其余两个阶段的处理过程与第一阶段类似。

在阶段 1 中，5 位专家从语言集 S 中选择合适的语言值对候选企业进行两两比较，得到第 1 阶段下语言判断矩阵如下：

$$R^1 = \begin{pmatrix} s_3 & s_5 & s_4 & s_4 \\ s_0 & s_3 & s_2 & s_1 \\ s_1 & s_4 & s_3 & s_4 \\ s_1 & s_5 & s_2 & s_3 \end{pmatrix}, \quad R^2 = \begin{pmatrix} s_3 & s_2 & s_1 & s_0 \\ s_4 & s_3 & s_4 & s_5 \\ s_5 & s_2 & s_3 & s_5 \\ s_6 & s_1 & s_1 & s_3 \end{pmatrix}, \quad R^3 = \begin{pmatrix} s_3 & s_5 & s_5 & s_3 \\ s_1 & s_3 & s_4 & s_5 \\ s_1 & s_2 & s_3 & s_5 \\ s_3 & s_1 & s_1 & s_3 \end{pmatrix},$$

$$R^4 = \begin{pmatrix} s_3 & s_5 & s_4 & s_3 \\ s_1 & s_3 & s_3 & s_5 \\ s_2 & s_3 & s_3 & s_4 \\ s_3 & s_1 & s_2 & s_3 \end{pmatrix}, \quad R^5 = \begin{pmatrix} s_3 & s_4 & s_5 & s_4 \\ s_2 & s_3 & s_3 & s_4 \\ s_1 & s_3 & s_3 & s_4 \\ s_2 & s_2 & s_2 & s_3 \end{pmatrix}。$$

根据 5.3 节的方法，可得第 1 阶段下专家信息修正过程如下：

步骤 1　将本阶段下专家给出的语言判断矩阵转化为二元语义型判断矩阵（略）。将决策评价矩阵进行标准化处理，并根据 5.2.2 节方法生成本阶段的导出偏好矩阵 $\widetilde{R}$ 如下：

$$\widetilde{R} = \begin{pmatrix} (s_3, 0) & (s_5, 0.38) & (s_4, 0.24) & (s_4, 0.25) \\ (s_1, -0.38) & (s_3, 0) & (s_2, -0.14) & (s_2, -0.13) \\ (s_2, -0.24) & (s_4, 0.14) & (s_3, 0) & (s_4, 0.01) \\ (s_2, -0.25) & (s_4, 0.13) & (s_3, -0.01) & (s_3, 0) \end{pmatrix}$$

步骤 2　根据专家访谈和实地调研结果，决策者确定信息偏好权重 $\theta = 0.5$ 和决策阈值 $\varepsilon = 0.2$。

步骤 3　参照模型 M-5.1 的形式设计弱有效性专家辨别模型，并使用 Matlab 仿真软件对 M-5.1 进行求解，可得 $d_2^+ = 0.0969 > 0$，d_1^+，d_3^+，d_4^+，$d_5^+ = 0$。由此得知，专家群体中 D_2 为弱有效性专家，需要对其偏好信息进行交互式修正，以满足本阶段决策工作的阈值要求。

步骤 4　根据模型 M-5.2 的形式和要求，构建本阶段专家信息修正模型，并对其进行求解。得到最优情形下，专家 D_2 意见的移动步长 $l = 1.3522$。结果表明，弱有效性专家 D_2 的偏好向量需要沿着修正方向移动步长 l，修正后的专家偏好即可满足决策阈值的要求。

步骤 5　根据公式（5.5），可得专家 D_2 经过修正处理后的偏好矩阵为：

$$R^{2'} = \begin{pmatrix} (s_3, 0) & (s_3, -0.38) & (s_2, -0.33) & (s_1, -0.22) \\ (s_3, 0.38) & (s_3, 0) & (s_4, -0.32) & (s_5, -0.44) \\ (s_4, 0.33) & (s_2, 0.32) & (s_3, 0) & (s_5, -0.28) \\ (s_5, 0.22) & (s_1, 0.44) & (s_1, 0.28) & (s_3, 0) \end{pmatrix}$$

通过对比专家 D_2 的原始偏好矩阵 R^2 和其修正后偏好矩阵 $R^{2'}$ 可见，本阶段下弱有效性专家 D_2 的初始偏好信息得到了快速的修正，在一定程度上避免了专家偏好进行主观修正时可能出现的偏差，进而提高了决策可靠性和修正效率。

步骤6　返回步骤3对D_2经修正后的偏好矩阵$R^{2'}$进行验证，将$R^{2'}$代入模型M-5.1，可得最优情形下偏离度d_1^+，d_2^+，d_3^+，d_4^+，d_5^+ = 0。并确定最终专家权重为ω = $(0.0102, 0.7816, 0.0895, 0.072, 0.0467)^T$。这说明经过步骤5修正后，所有专家的偏好信息均满足阈值要求。

步骤7　根据定义5.6，得到第1阶段下方案的综合偏好矩阵如下：

$$\overline{R^1} = \begin{pmatrix} (s_3, 0) & (s_4, 0) & (s_3, 0.02) & (s_2, 0.49) \\ (s_2, 0) & (s_3, 0) & (s_3, -0.14) & (s_3, 0.39) \\ (s_3, -0.02) & (s_3, 0.14) & (s_3, 0) & (s_4, -0.06) \\ (s_4, -0.49) & (s_3, -0.39) & (s_2, 0.06) & (s_3, 0) \end{pmatrix}$$

应用文献［176］的方法，可以计算得到本阶段下方案的优势度为$(s_2, 0.04)$，$(s_0, 0.78)$，$(s_2, 0.16)$，$(s_1, 0.02)$。根据二元语义排序规则，可得本阶段下备选方案的优劣表现为$a_3 \succ a_1 \succ a_4 \succ a_2$。

根据公式（5.6），可得第1阶段下专家群体的累计偏离度为

$$D^1 = \sum_{k=1}^{p} d(\overline{R^1}, R^{k'}) = 0.1437$$

（2）结果分析与讨论

①假设不对专家偏好的有效性进行验证，直接就专家的原始偏好信息进行集结。根据模型M-5.1，可得第1阶段下专家权重为Ω^1 = $(0.181, 0.223, 0.202, 0.199, 0.195)^T$。通过专家权重$\Omega^1$对原始偏好信息进行集结，得到备选方案的优势度向量为$\{(s_1, 0.11), (s_1, -0.34), (s_1, -0.29), (s_0, 0.06)\}$，即方案排序结果为$a_1 \succ a_3 \succ a_2 \succ a_4$。可以明显地看出，两个排序结果存在一定的差异。由于专家偏好的主观性较强且群体决策可能存在个体意见间的差异，忽视对专家原始偏好进行验证，直接集结原始偏好容易遗漏某些重要的评价信息，决策风险较大。

②如果忽视本阶段的决策依据信息，完全根据专家个人偏好与群体偏好之间的偏差以判别弱有效性专家，可以构建得到规划模型如下：

$$\min = d_1^+ + d_2^+ + \cdots + d_s^+$$

$$\max = -\sum_{k=1}^{s} \lambda_k \ln \lambda_k$$

$$s.t. \begin{cases} \dfrac{1}{m^2 g} \sum_{\alpha=1}^{m} \sum_{\beta=1}^{m} \left| \left(\sum_{k=1}^{s} \lambda_k \Delta^{-1}(r_{\alpha\beta}^k) \right) - \Delta^{-1}(r_{\alpha\beta}^k) \right| - d_k^+ + d_k^- = \varepsilon \\ d_k^+, d_k^- \geq 0, \qquad k = 1, 2, \cdots, s \end{cases}$$

不难看出，上述模型与模型 M-5.1 之间在第一个约束条件上存在差异，情形下忽视了决策评价信息对决策工作的影响。求解该模型可得最优情形下，$d_1^+ = 0.0167 > 0$，d_2^+，d_3^+，d_4^+，$d_5^+ = 0$。因此，可以判定 D_1 为弱有效性专家，这与本章的判定结果也存在差异。通过分析应用背景和原始数据可知，虽然专家 D_1 的主观偏好信息与群体集结偏好之间存在较大的差异，却与决策评价信息的导出偏好矩阵信息较为接近，因此专家 D_1 不能简单地被判定为弱有效性专家。

③若忽视专家偏好信息，仅依据决策评价信息开展优选决策，依据定义 5.2 和 5.3 将表 5.1 所示初始信息转化为二元语义型决策矩阵后，通过属性权重集结后得到各备选方案的绩效为 $\{(s_5, -0.3), (s_1, 0.4), (s_5, 0.21), (s_4, -0.46)\}$，即方案排序结果为 $a_3 \succ a_1 \succ a_4 \succ a_2$。不难看出，上述排序结果与本章方法得到的排序结果相同，这在一定程度上证明了本章方法的适用性。此外，综合利用决策依据信息和专家偏好信息可以在一定程度上避免专家偏好可能带来的主观影响。

三　阶段权重设计及多阶段信息集结

（1）阶段权重设计

将上节涉及专家意见的修正和集结过程应用到第 2、3 阶段，可得各阶段方案的综合偏好矩阵和专家群体的累计偏离度信息如下：

$$\overline{R^1} = \begin{pmatrix} (s_3, 0) & (s_4, 0) & (s_3, 0.02) & (s_2, 0.49) \\ (s_2, 0) & (s_3, 0) & (s_3, -0.14) & (s_3, 0.39) \\ (s_3, -0.02) & (s_3, 0.14) & (s_3, 0) & (s_4, -0.06) \\ (s_4, -0.49) & (s_3, -0.39) & (s_2, 0.06) & (s_3, 0) \end{pmatrix},$$

$$D^1 = \sum_{k=1}^{p} d(\overline{R^1}, R^{k'}) = 0.1437;$$

$$\overline{R^2} = \begin{pmatrix} (s_3, 0) & (s_4, -0.06) & (s_3, 0.13) & (s_3, -0.03) \\ (s_2, 0.06) & (s_3, 0) & (s_3, -0.19) & (s_3, 0.47) \\ (s_3, -0.13) & (s_3, 0.19) & (s_3, 0) & (s_4, -0.12) \\ (s_3, 0.03) & (s_3, -0.47) & (s_2, 0.12) & (s_3, 0) \end{pmatrix},$$

$$D^2 = \sum_{k=1}^{p} d(\overline{R^2}, R^{k'}) = 0.1308;$$

$$\overline{R^3} = \begin{pmatrix} (s_3,\ 0) & (s_4,\ 0.24) & (s_2,\ -0.01) & (s_3,\ 0.21) \\ (s_2,\ 0.24) & (s_3,\ 0) & (s_3,\ -0.08) & (s_4,\ -0.24) \\ (s_4,\ 0.01) & (s_3,\ 0.21) & (s_3,\ 0) & (s_4,\ 0.03) \\ (s_3,\ 0.45) & (s_3,\ -0.28) & (s_3,\ -0.42) & (s_3,\ 0) \end{pmatrix},$$

$$D^3 = \sum_{k=1}^{p} d(\overline{R^3},\ R^{k'}) = 0.1217 \text{。}$$

根据 5.4.1 节中柔性公式 $\hat{\lambda}_t = \dfrac{\exp(-\alpha \cdot D^t)}{\sum\limits_{t=1}^{p} \exp(-\alpha \cdot D^t)}$ 和惩罚性公式 $\tilde{\lambda}_t =$

$\dfrac{(D^t)^{-\alpha}}{\sum\limits_{t=1}^{p} (D^t)^{-\alpha}}$（取经验参数 $\alpha = 2^{[177]}$），代入阶段权重设计模型 M-5.3，得

到差异最小情形下阶段权重 $(\lambda_1^*,\ \lambda_2^*,\ \lambda_3^*) = (0.326,\ 0.334,\ 0.349)$。

不难看出，随着阶段 $t(t = 1,\ 2,\ 3)$ 下专家群体意见共识程度的提高，阶段权重 λ_t^* 也相应地增加。这说明如果某阶段评价工作的内外部环境越优良，本阶段专家整体判断的可靠性和逻辑性也会随之增强，群体决策工作的质量越好，进而本阶段的阶段权重也相对提高。

（3）多阶段方案综合偏好矩阵的集结

通过阶段权重，可以对各阶段下方案的综合偏好矩阵进行集结，得到全评价周期下多阶段方案综合偏好矩阵为

$$\overline{\overline{R}} = \sum_{t=1}^{3} \lambda \overline{R} = \begin{pmatrix} (s_3,0) & (s_4,0.06) & (s_3,-0.30) & (s_3,-0.11) \\ (s_2,-0.06) & (s_3,0) & (s_3,-0.14) & (s_4,-0.46) \\ (s_3,0.30) & (s_3,0.14) & (s_3,0) & (s_4,-0.05) \\ (s_3,0.11) & (s_2,0.46) & (s_2,0.05) & (s_3,0) \end{pmatrix}$$

参照文献 [176] 的方法，可以计算得到全评价周期下方案多阶段优势度为 $(s_2,\ 0.04)$，$(s_0,\ 0.78)$，$(s_2,\ 0.16)$，$(s_1,\ 0.02)$。根据二元语义排序规则，可得综合考虑 3 个阶段下双重信息，备选方案的优劣表现为 $a_3 \succ a_1 \succ a_4 \succ a_2$。

第六节　本章小结

在一些重大项目多阶段群体决策问题中，各阶段的决策过程较为复杂

且需要经过专家群体的多轮协商和交互修正，方能得到较为统一的专家意见和判断。此类决策问题不仅涉及多个阶段的动态决策数据，也包含较多的不确定信息。专家意见的交互过程不仅参考群体成员的意见，还需要利用更多的背景依据和评价信息，快速地修正弱有效性专家的初始偏好，进而获得较为合理的决策结果。

本章针对同时含有专家主观偏好信息和决策依据信息等双重信息下的多阶段群体决策问题，设计了一种双重信息的转化和融合方法，使之能够在内在含义、矩阵结构和变量形式保持一致。定义方案的综合偏好矩阵，综合考虑主观评价和客观依据信息以表征方案综合绩效。以专家群体判断矩阵和方案综合偏好矩阵之间的偏离度为阈值控制目标，构建一类目标规划模型，辨别专家群体中可能存在的弱有效性专家。将专家偏好表征为空间向量，研究了专家偏好信息的修正方法，探究弱有效性专家偏好的最小移动步长和专家权重。测算各阶段下专家群体偏好与综合偏好矩阵之间的累积偏差量，分析其与阶段权重之间的关联关系，并通过阶段权重集结各阶段下方案的综合偏好矩阵，进而得到备选方案的优选排序。

第六章

大规模群体语言信息的融合聚类及多阶段集结方法研究

　　某些重大的决策问题关系着国计民生和企业发展，民众的关注度较大，这就对决策信息来源和决策过程的科学性提出了非常高的要求。特别是在追崇民主决策和科学决策的今天，此类决策问题通常邀请不同领域内的决策专家共同参与，数目众多的专家便组成了大规模决策群体。随着信息技术的快速发展，不同区域、不同国家、不同机构的专家可以利用因特网及时、准确、高效地给出自己的意见。这样一来，大规模群体决策问题突破了地域和时间等因素的限制，日益普及于社会和经济系统中的重大决策工作之中。本章探寻双重语言信息下大规模群体意见聚类方法，并依此为基础研究大规模群体情形下多阶段语言信息集结问题。具体而言，测度不同异构信息下的专家意见相似关系，通过设计规划模型测算属性权重，使得双重信息下聚类结果的一致程度最高；在聚类结果的基础上，分别设置类内和类间专家权重，集结双重信息下群体意见；将上述方法延伸至多阶段决策问题中，分析阶段信息融合度与阶段权重之间的关系，综合考虑多个阶段下方案表现，集结方案各阶段绩效，对备选方案进行优选决策。

第一节　问题描述

　　随着通信技术的快速发展和网络化信息平台的日益普及，越来越多的专家能够突破空间和时间的限制，有效地参与到某些重大决策问题之中。因此，如何高效地开展大规模群体决策是国内外学者关注的主要问题。作为解决此类问题的一种常用方法，群体聚类分析可以将评价相似的专家判定为同类，意见差异较大的专家归为不同类别，进而提高大规模群体决策的效率。近年来，基于群体聚类的大规模群体决策问题受到学者的广泛关注。文献［178］针对属性间存在关联的决策问题，研究了直觉模糊梯形偏好信息下的大规模群体聚类方法。文献［179］提出了基于灰色关联系数的聚类方法，进而研究了决策者一致度的判定及协调方法。文献［180］［181］提出了基于矢量空间的群体聚类启发式算法，但此方法仅仅适用于评估单一方案的多准则绩效矢量。通过文献分析可以发现，现有研究大多针对单一信息下的群体聚类问题，较少涉及双重信息下的群体聚类问题，涉及群体类别偏好的聚类问题研究更为少见。虽然部分文献涉及方案偏好①②或聚类样本类别偏好③下的决策问题，但涉及的先验偏好信息均为主观事先给出，无法体现出偏好的判别依据。基于此，本章主要研究群体分类偏好下的双重信息融合聚类方法。

为简化表述，假设单阶段下存在备选方案集 $A = \{a_1, a_2, \cdots, a_m\}$，评价属性集 $C = \{c_1, c_2, \cdots, c_n\}$ 和专家集 $D = \{D_1, D_2, \cdots, D_s\}$。考虑到专家主观思维模式和评价习惯，方案评估信息以语言变量形式表征。语言变量集为 $S = \{s_t \mid t = 0, 1, \cdots, g, g > 0\}$，专家从 S 中选择合适的语言变量以评估方案表现。另设专家 $d(d = 1, 2, \cdots, s)$ 针对方案在各属性下的表现进行评估并得到多属性语言决策矩阵 $X^d = (x_{ij}^d)_{m \times n}$（决策依据信息），同时依据各属性测度以及总体绩效对备选方案进行两两比较得到专家语言判断矩阵 $R^d = (r_{\alpha\beta}^d)_{m \times m}$（专家偏好信息）。其中，语言变量可以通过转为三角模糊数、梯形模糊数或二元语义形式处理。考虑到二元语义具有含义清晰，计算简便且不易丢失信息等特点，本章将 X^d 和 R^d 中的语言变量均转化为二元语义形式处理，具体方法如文献［11］所示。

由于专家数目众多，决策问题的风险性和不确定性有所增加。因此需要依据专家给出的双重信息进行群体聚类分析。其中，决策依据信息和专家偏好信息是专家分别从不同的思维角度给出的评估结果，两者之间既有内在的一致联系，又可能存在一定的矛盾和差异。依据专家偏好信息可以得到群体分类的先验信息，然而由于专家偏好信息具备不可避免的犹豫性

---

① Wan S P, Li D F. Fuzzy LINMAP approach to heterogeneous MADM considering comparisons of alternatives with hesitation degrees. Omega, 2013, 41 (6).

② Li D F, Wan S P. Fuzzy linear programming approach to multiattribute decision making with multiple types of attribute values and incomplete weight information. Applied Soft Computing, 2013, 13 (11).

③ 郭亚军、王春震、张发明、邹家兴：《一种基于部分样本类别判定的聚类分析方法》，《东北大学学报》（自然科学版）2009 年第 7 期。

和模糊性，先验分类信息与仅根据多属性评价信息得到的专家聚类结果之间可能存在冲突和矛盾，尤其当属性权重未知时，未知权重加大了聚类方案之间的偏差范围。如图 6.1 所示，其中（a）图表示根据专家偏好信息得到的聚类结果，（b）图和（c）图表示根据决策依据信息可能确定的聚类结果。属性权重的不同设置可以使得聚类结果出现如（b）图和（c）图中所示的明显差异。因此，如何融合双重信息下群体聚类结果，科学地研究属性权重设置方法，协调双重信息下的群体聚类冲突是本章研究的重要问题。

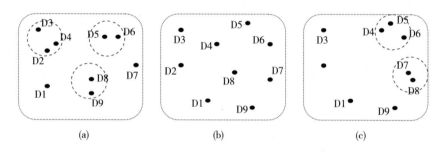

图 6.1　双重信息下的聚类分析图

在多阶段大规模群体决策问题中，随着阶段的推进，专家评价信息以及主观偏好会随之发生变化。各阶段专家成员异构信息的变化将导致专家聚类结构及特征有所差异，因此研究各阶段下的聚类结构及聚类特征，设置类内权重和类间权重，集结多阶段下专家多源异构信息等方法至关重要。

基于上述考虑，本章研究大规模群体双重语言信息的融合聚类方法及多阶段集结方法，主要包含如下内容：（1）基于群体分类偏好，定义了双重信息下群体聚类结果的一致性和非一致性测度指标，以此为依据构建规划模型，测算属性权重以使得群体聚类结果差异达到最小，并提出了基于群体综合相似关系的双重信息融合聚类方法；（2）定义专家双重信息融合度以测度专家异构信息的可靠性，以此为依据设置类内权重及类间权重，并对专家意见进行集结；（3）以各阶段专家的双重信息融合度为基础，提出阶段权重的测算方法，并对各阶段群体意见进行集结，并得到方案的排序结果。

第二节　群体分类偏好下双重信息融合聚类方法

一　专家相似关系测度

决策依据信息和专家偏好信息反映了专家的判断思维和偏好特征，因此，可以通过计算各矩阵向量之间的相似性以表征专家间的相似关系。本节利用夹角余弦公式①来测度专家意见之间的相似关系。

定义 6.1　假设存在两个专家 k 和 l（$k, l \in \{1, 2, \cdots, s\}$，$k \neq l$），对应的偏好信息为 R^k 和 R^l，$\rho(k, l)$ 为两个专家偏好信息间的相似关系，如公式（6.1）所示，且满足 $0 \leqslant \rho(k, l) \leqslant 1$，$\rho(k, l) = \rho(l, k)$。给定阈值 $0 \leqslant \theta \leqslant 1$，则称 $\Omega_1 = \{(k, l)\} = \{(k, l) | \rho(k, l) > \theta\}$ 为先验同类别偏好信息集；称 $\Omega_2 = \{\langle k, l \rangle\} = \{\langle k, l \rangle | \rho(k, l) \leqslant \theta\}$ 为先验非同类别偏好信息集。其中，

$$\rho(k, l) = \frac{1}{m}\sum_{\beta=1}^{m}\rho_\beta(k, l) = \frac{1}{m}\sum_{\beta=1}^{m}\frac{\sum_{\alpha=1}^{m}\Delta^{-1}(r_{\alpha\beta}^k)\Delta^{-1}(r_{\alpha\beta}^l)}{\sqrt{\sum_{\alpha=1}^{m}(\Delta^{-1}(r_{\alpha\beta}^k))^2\sum_{\alpha=1}^{m}(\Delta^{-1}(r_{\alpha\beta}^l))^2}} \quad (6.1)$$

令 Ω 为所有两两专家对元素组成的集合，则明显满足 $\Omega_1 \cap \Omega_2 = \varnothing$，$\Omega_1 \cup \Omega_2 = \Omega$，$|\Omega| = \frac{s(s-1)}{2}$。构造专家偏好信息下的相似矩阵 $\Pi_\rho = (\rho(k, l))_{s \times s}$，当满足 $k = l$ 时，$\rho(k, l) = 1$；$\rho(k, l) = \rho(l, k)$。需要说明的是，阈值 θ 与专家偏好信息下的专家相似关系 $\rho(k, l)$ 密切相关，可以依据相似矩阵、决策精度以及期望类的个数来设定。根据决策者对聚类结果的要求，若选取较大的阈值 θ，则群体类的规模平均较小，类数较多；若选取较小的阈值 θ，则群体类的规模平均较大，类数较少。

定义 6.2　假设存在两个专家决策依据信息 X^k 和 X^l（$k, l \in \{1, 2, \cdots, s\}$，$k \neq l$），$w = (w_1, w_2, \cdots, w_n)$ 为决策依据信息中的属性权重，则称 $\mu(k, l)$ 为两个专家决策依据信息间的相似关系，其中，

$$\mu(k, l) = \sum_{j=1}^{n}w_j\mu_j(k, l) \quad (6.2)$$

---

① 高新波：《模糊聚类分析及应用》，西安电子科技大学出版社 2004 年版，第 43 页。

$$\mu_j(k, l) = \frac{\sum_{i=1}^{m} \Delta^{-1}(x_{ij}^k) \Delta^{-1}(x_{ij}^l)}{\sqrt{\sum_{i=1}^{m} (\Delta^{-1}(x_{ij}^k))^2 \sum_{i=1}^{m} (\Delta^{-1}(x_{ij}^l))^2}} \qquad (6.3)$$

构造专家决策依据信息下的相似矩阵 $\Pi_\mu = (\mu(k, l))_{s \times s}$，满足 $k = l$ 时，$\mu(k, l) = 1$；$\mu(k, l) = \mu(l, k)$。不难看出，属性权重对相似矩阵 Π_μ 有较大影响，若依据主观经验设置属性权重，则会导致双重信息下的聚类结果有较大差异，不利于有效的群体决策。

依据专家偏好信息和决策依据信息两类信息均可以测算得到专家相似关系，两类专家相似关系之间存在内在联系和一定程度的差异。因此，先验类别偏好信息与决策依据信息下的聚类方案可能出现重合和冲突并存的结果。具体来说，在阈值水平 θ 下，若双重信息下的任意两位专家所处同属一类或不同属一类，则认为双重聚类结果一致；反之，则认为双重聚类结果不一致。总结起来有以下四种情况，如表6.1所示。

表6.1　　　　　　　　　　双重信息下聚类结果分析表

信息类型	聚类结果	结论
专家偏好信息	专家 k 和 l 同属于一类	聚类结果一致
决策依据信息	专家 k 和 l 同属于一类	
专家偏好信息	专家 k 和 l 不同属于一类	聚类结果一致
决策依据信息	专家 k 和 l 不同属于一类	
专家偏好信息	专家 k 和 l 同属于一类	聚类结果不一致
决策依据信息	专家 k 和 l 不同属于一类	
专家偏好信息	专家 k 和 l 不同属于一类	聚类结果不一致
决策依据信息	专家 k 和 l 同属于一类	

二　聚类融合目标下的属性权重测度方法

先验类别信息偏好下的聚类融合目标在于使得双重信息下聚类结果的不一致程度达到最小化，同时使得一致度测度实现最大。以此为目标设置属性权重，可以使得双重信息下的聚类冲突获得较好的协调效果。本部分借鉴 LINMAP（Linear Programming Techniques for Multi-mensional Analysis of Preference）方法的思想以设计非一致性测度和一致性测度。LINMAP 方法通过比较两两方案与理想方案之间的距离构造一致性测度和非一致性测度指标，构建模型进而获得最优的理想解和方案属性权重①。本部分将 LINMAP 方法扩展到群体聚类问题中，将先验类别偏好信息与聚类冲突结果相结合，构造一致性测度和非一致性测度指标。

定义 6.3　依据两个专家 k 和 l 的双重决策信息进行聚类时，称 S^+ 为双重信息聚类结果一致性测度，则

$$S(k, l)^+ = \begin{cases} (\rho(k, l) - \theta)(\mu(k, l) - \theta), & 聚类结果一致时 \\ 0, & 其他 \end{cases}$$
$$= \max\{0, (\rho(k, l) - \theta)(\mu(k, l) - \theta)\} \qquad (6.4)$$

对于所有具有先验类别信息的专家而言，总体一致性测度 $G = \sum_{\Omega} S(k, l)^+$，其中，$\Omega$ 是具有先验类别信息的专家对集合。对所有专家两两间的相似关系进行判断时，集合 Ω 中的元素个数为 $s(s-1)/2$，其中 s 为专家总数。

定义 6.4　依据两个专家 k 和 l 的双重决策信息进行聚类时，称 S^- 为双重信息聚类结果非一致性测度，则

$$S(k, l)^- = \begin{cases} 0, & 聚类结果一致时 \\ (\rho(k, l) - \theta)(\theta - \mu(k, l)), & 其他 \end{cases}$$
$$= \max\{0, (\rho(k, l) - \theta)(\theta - \mu(k, l))\} \qquad (6.5)$$

对于所有具有先验类别信息的专家而言，总体非一致性测度 $B = \sum_{\Omega} S(k, l)^-$。定义 6.3 和定义 6.4 分别从一致和非一致两个角度设计测度指标，以表征一致和冲突两种情形下的聚类结果。为了使聚类结果冲突最小，需要使总体非一致性测度最小以获取决策依据信息的属性权重，即

$$\min = \left\{ B = \sum_{(k, l) \in \Omega} S(k, l)^- \right\} \qquad (6.6)$$

借鉴 LINMAP 方法中对非一致性测度分段函数的处理方法，令

$$t_{kl} = S(k, l)^- = \max\{0, (\rho(k, l) - \theta)(\theta - \mu(k, l))\} \qquad (6.6a)$$

由公式（6.6）和（6.6a）可得，对所有的 $(k, l) \in \Omega$：

$$t_{kl} \geqslant 0 \qquad (6.6b)$$

$$t_{kl} \geqslant (\rho(k, l) - \theta)(\theta - \mu(k, l)) \qquad (6.6c)$$

---

①　Srinivasan V, Shocker A D. Linear Programming techniques for multidimensional analysis of preference. Psychometrika, 1973, 38 (3).

其中，公式（6.6c）可转化为：

$$t_{kl} + (\rho(k, l) - \theta)\left[\sum_{j=1}^{n} w_j \mu_j(k, l) - \theta\right] \geq 0 \qquad (6.6d)$$

在满足非一致性最小的同时也要满足一致性最大，因此构造如下约束条件：

$$\sum_{(k, l) \in \Omega} (G - B) = h \qquad (6.7)$$

根据公式（6.4）和（6.5）将公式（6.7）转化为：

$$h = \begin{cases} \sum\limits_{(k, l) \in \Omega} ((\rho(k, l) - \theta)(\mu(k, l) - \theta) - 0), & \text{聚类结果一致时} \\ \sum\limits_{(k, l) \in \Omega} (0 - (\rho(k, l) - \theta)(\theta - \mu(k, l))), & \text{其他} \end{cases}$$

即

$$\sum_{(k, l) \in \Omega} (\rho(k, l) - \theta)\left[\sum_{j=1}^{n} w_j \mu_j(k, l) - \theta\right] = h \qquad (6.8)$$

根据公式（6.6）、（6.6a-6.6d）和（6.8），构建如下规划模型：

$$\min = \sum_{(k, l) \in \Omega} t_{kl}$$

$$s.t. \begin{cases} t_{kl} + (\rho(k, l) - \theta)\left[\sum\limits_{j=1}^{n} w_j \mu_j(k, l) - \theta\right] \geq 0, \ \text{对所有的}(k, l) \in \Omega \\ \sum\limits_{(k, l) \in \Omega} (\rho(k, l) - \theta)\left[\sum\limits_{j=1}^{n} w_j \mu_j(k, l) - \theta\right] = h \\ w_j \geq 0 \\ \sum\limits_{j=1}^{n} w_j = 1 \\ w_j \in H \\ t_{kl} \geq 0, \ \text{对所有的}(k, l) \in \Omega \end{cases}$$

$$(\text{M-6.1})$$

其中，H 为部分权重信息集合，通常可表示为以下 5 种形式[148]：1）弱序：$\{w_i \geq w_j\}$；2）严格序：$\{w_i - w_j \geq \alpha_i\}$；3）倍序：$\{w_i \geq \alpha_i w_j\}$；4）区间序：$\{\alpha_i \leq w_i \leq \alpha_i + \varepsilon_i\}$；5）差序：$\{w_i - w_j \geq w_k - w_l\}$，$j \neq k \neq l$，其中 $\{\alpha_i\}$ 和 $\{\varepsilon_i\}$ 是非负常数。

模型 M-6.1 借鉴了 LINMAP 方法的思想，并将其扩展到群体聚类问题中。模型结合群体分类偏好信息下的一致性测度和非一致性测度，求解可得属性权重以使得双重信息下的聚类结果冲突最小。

设定合适的参数 h 对模型的求解至关重要，如果 h 设定不合适，则可能导致该模型无可行解。以下分析 h 的合理取值范围。

将公式（6.8）进一步变换可得到：

$$\sum_{(k,l)\in\Omega}\sum_{j=1}^{m} w_j\rho(k,l)\mu_j(k,l) - \sum_{(k,l)\in\Omega}\left[\rho(k,l) + \sum_{j=1}^{m} w_j\mu_j(k,l)\right]\theta + \frac{s(s-1)}{2}\theta^2 = h$$

$$(6.9)$$

为了分析 θ 和 h 之间的关系，上式可以看成是 h 关于 θ 的二次函数，其中 $0 \leq \theta \leq 1$，二次函数对应的抛物线图形顶点横坐标的表达式为：

$$\theta^* = \frac{\sum_{(k,\ l)\in\Omega}\left[\rho(k,\ l) + \sum_{j=1}^{m} w_j\mu_j(k,\ l)\right]}{s(s-1)}$$

$$(6.9a)$$

通过分析抛物线图形顶点横坐标的大小，可以确定 h 与 θ 之间的变化关系，从而确定 h 合理的取值范围。通过分析可得如下性质。

性质 6.1：$0 \leq \theta^* \leq 1$

证明：由公式（6.9a）可知，$0 \leq \rho(k,\ l) \leq 1$，$0 \leq \sum_{j=1}^{m} w_j\mu_j(k,\ l) \leq 1$，则

$$0 \leq \rho(k,\ l) + \sum_{j=1}^{m} w_j\mu_j(k,\ l) \leq 2$$

对所有的 $(k,\ l)$ 计算相似关系时，Ω 集合中的个数为 $\frac{s(s-1)}{2}$，则公式（6.9a）中分子取值范围为 $[0,\ s(s-1)]$，由此可得 $0 \leq \theta^* \leq 1$。

由性质 6.1 可知，在实际范围 $\theta \in [0,\ 1]$ 内，当 $\theta > \theta^*$ 时，h 随 θ 的增大而增大；当 $\theta < \theta^*$ 时，h 随 θ 的减小而增大。因此 $h_{\max}$ 在 $\theta = 0$ 或 $\theta = 1$ 取得。考虑到 θ 越接近于 0，表明专家的相似关系越弱，对聚类结果没有意义。因此 $h_{\max}$ 应在 $\theta = 1$ 取得。

令 $\theta = 1$，由公式（6.9）可得：

$$\sum_{(k,l)\in\Omega}\sum_{j=1}^{m} w_j\rho(k,l)\mu_j(k,l) - \sum_{(k,l)\in\Omega}\left(\rho(k,l) + \sum_{j=1}^{m} w_j\mu_j(k,l)\right) + \frac{s(s-1)}{2} = h_{\max}$$

$$(6.9b)$$

构建规划模型如下以求得 h 的取值范围：

$$\max h_{\max} = \sum_{(k,l)\in\Omega}\sum_{j=1}^{m} w_j\rho(k,l)\mu_j(k,l) - \sum_{(k,l)\in\Omega}\left(\rho(k,l) + \sum_{j=1}^{m} w_j\mu_j(k,l)\right) + \frac{s(s-1)}{2}$$

$$s.t. \begin{cases} w_j \geqslant 0 \\ \sum_{j=1}^{n} w_j = 1 \end{cases} \qquad (\text{M-6.2})$$

明显可知，M-6.2 的可行域存在且有界，目标函数为自变量的线性表达式，因此 M-6.2 一定有最优解。使用 Lingo 软件求得 h_{max} ，则 $h \in [0, h_{max}]$ 。因此，决策者设定的 h 只要满足 $h \in [0, h_{max}]$ ，M-6.1 即可以保证有可行解。

定义 6.5　设定决策依据信息的信任程度 η ，令

$$\pi = \eta \rho(k, l) + (1 - \eta)\mu(k, l) \qquad (6.10)$$

则称 π 为专家 k 和 l 之间的综合相似关系。

根据定义 6.5，构造综合相似关系矩阵 $\Pi = (\pi_{kl})_{s\times s}$ ，满足 $\pi_{kl} = \pi_{lk}$ ，$\pi_{kk} = 1$ 。综合相似关系矩阵能够全面考虑专家偏好信息和决策依据信息下的专家相似关系，系统地反映专家判断的相似程度。

三　群体分类偏好下的双重信息融合聚类步骤

根据上述分析，可得群体分类偏好下的双重信息融合聚类的分析过程如下：

步骤 1：依据公式（6.1）计算专家偏好矩阵下专家两两间的相似关系 $\rho(k, l)$ ，构造相似关系矩阵 $\Pi_\rho = (\rho_{kl})_{s\times s}$ ，依据公式（6.3）求得多属性决策矩阵信息中关于各属性向量信息的专家相似关系 $\mu_j(k, l)$ ，构造各属性下相似关系矩阵 $\Pi_{\mu_j} = (\mu_{j\ kl})_{s\times s}$ ；

步骤 2：依据相似关系 $\rho(k, l)$ 设定阈值 θ ，即可以得到先验类别偏好信息集 Ω ；

步骤 3：求解模型 M-6.2 得到 h 的取值范围 $[0, h_{max}]$ ，决策者根据此范围设定合适的 h 值；

步骤 4：求解模型 M-6.1 得到双重信息聚类结果冲突最小的属性权重，并依据公式（6.2）求得多属性决策矩阵下的专家相似关系 $\mu(k, l)$ ；

步骤 5：设定决策依据信息的信任程度 η ，依据公式（6.10）求得综合相似关系 π ，并构造相似关系矩阵 $\Pi = (\pi_{kl})_{s\times s}$ ；

步骤 6：根据综合相似关系矩阵 Π 和编网聚类方法[187]对专家进行群体聚类。

第三节　基于双重信息聚类结果的群体集结模型

假设经过双重信息融合下的聚类分析后，群体可分为 Q 类，每类有 S_q 个专家，满足 $\sum_{q=1}^{Q} S_q = s$。每类的专家之间虽然较其他类的专家相似性更大，然而专家评价的可靠性仍具有一定的差异，尤其是涉及多种类别异构信息的评价时，这种差异表现得更为明显。因此，需要依据专家提供双重信息的融合程度对类内专家进行赋权。

一　类内专家权重设置方法

设 $R^k = (r_{\alpha\beta}^k)_{m \times m}$ 和 $X^k = (x_{ij}^k)_{m \times n}$ 是专家 D_k 提供的专家偏好信息和多属性语言决策矩阵，依据文献 [11] 的方法转化为二元语义形式 $R^k = ((r_{\alpha\beta}^k, 0))_{m \times m}$ 和 $X^k = ((x_{ij}^k, 0))_{m \times n}$，$w = (w_1, w_2, \cdots, w_n)$ 为依据 6.2 节中的方法求得的单阶段下的属性权重信息。依据 4.2.2 节定义 4.6 可得到导出偏好矩阵 $\widetilde{R^k} = (\widetilde{r_{\alpha\beta}^k})_{m \times m}$，其中 $\widetilde{r_{\alpha\beta}^k} = \Delta\left[\frac{1}{2}\left(\Delta^{-1}(s_g, 0) + \sum_{j=1}^{n} w_j \Delta^{-1}(x_{\alpha j}^k, 0) - \sum_{j=1}^{n} w_j \Delta^{-1}(x_{\beta j}^k, 0)\right)\right]$。导出偏好矩阵来源于多属性决策矩阵，结构和含义与专家偏好信息相同。因此，通过比较导出偏好矩阵与专家偏好信息间的差异可以考量多属性决策矩阵的支持可信度以及专家偏好信息的可靠性，从而可以用来反映专家权重的大小。

定义 6.6　设 $R^k = (r_{\alpha\beta}^k)_{m \times m}$ 和 $\widetilde{R^k} = (\widetilde{r_{\alpha\beta}^k})_{m \times m}$ 为专家 D_k 提供的专家偏好信息和导出偏好矩阵（二元语义形式），则称 ϕ^k 为专家 D_k 的双重信息融合度，其中

$$\phi^k = \left(g - \frac{2}{m(m-1)} \sum_{\alpha=1}^{m} \sum_{\alpha < \beta}^{m} |\Delta^{-1}(r_{\alpha\beta}^k) - \Delta^{-1}(\widetilde{r_{\alpha\beta}^k})|\right) / g \quad (6.11)$$

双重信息融合度 ϕ^k 用来表征专家提供多源异构信息的一致性和可信度。若专家提供的偏好信息和支持信息之间的融合度较高，则表明专家评估多类型异构信息的一致性较高，思维特征较稳定；反之亦然。

由定义 6.6 可知，ϕ^k 满足如下性质：

$$0 \leqslant \phi^k \leqslant 1 \; ; \phi^k = 1 \; 时, R^k = \widetilde{R^k}$$

经过双重信息融合聚类后，每一类内的专家群体具有较大的一致性和共识度。依据传统聚类赋权方法，同一类别中的专家应赋予相同的权重①。然而由于专家评估信息的不确定性和专家专业知识及经验差异等原因，专家权重仍受到多种因素的影响。如可以依据判断矩阵的一致性程度②和信息量③来赋权。在双重信息下的聚类问题中，专家提供双重信息之间的相似性能够反映专家评价能力的可靠性，因此即使同一类中的专家具有较大的共识度，然而其双重信息的融合程度各有不同，对于融合度不同的专家，赋予相同的权重，显然是不合理的。因此，对类内专家，可以依据双重信息的融合度进行赋权。

定义 6.7　称 $\omega^q = (\omega_1^q, \omega_2^q, \cdots, \omega_k^q, \cdots, \omega_{S_q}^q)$ 为第 q 类内的专家权重向量，其中

$$\omega_k^q = \frac{\phi^{qk}}{\sum\limits_{k=1}^{s_q} \phi^{qk}} \qquad (6.12)$$

公式中的 ϕ^{qk} 为第 q 类内专家 D_k 的双重信息融合度，具体可参见定义 6.6。通过定义 6.7 可以看出，对于同一类的专家，依据其双重信息融合度对专家进行赋权，可以反映专家判断的可靠性。双重信息融合度越高的专家其权重越大；反之亦然。

定义 6.8　称 ϕ^q 为第 q 类的群体双重信息融合度，其中

$$\phi^q = \sum_{k=1}^{s_q} \phi^{qk} \omega_k^q = \frac{\sum\limits_{k=1}^{S_q} (\phi^{qk})^2}{\sum\limits_{k=1}^{S_q} \phi^{qk}} \qquad (6.13)$$

群体双重信息融合度 ϕ^q 表示第 q 类的专家整体所提供的双重信息之间的相似性和一致度，反映了第 q 类的专家群体意见的可靠性。明显可知，$0 \leqslant \phi^q \leqslant 1$，且当所有专家的双重信息融合度都为 1 时，$\phi^q = 1$。

---

① 高阳、罗贤新、胡颖：《基于判断矩阵的专家聚类赋权研究》，《系统工程与电子技术》2009 年第 3 期。

② 贺仲雄：《模糊数学及其应用》，天津科学技术出版社 1983 年版。

③ 周漩、张凤鸣、惠晓滨、李克武：《基于信息熵的专家聚类赋权方法》，《控制与决策》2011 年第 1 期。

通过 ω^q 可对类内的专家偏好信息和导出偏好信息进行集结，得到第 q 类内群体意见 $R^q = (r_{\alpha\beta}^q)_{m\times m}$ 和 $\widetilde{R^q} = (\widetilde{r_{\alpha\beta}^q})_{m\times m}$，其中，

$$r_{\alpha\beta}^q = \Delta\left(\sum_{k=1}^{s_q} \omega_k^q \Delta^{-1}(r_{\alpha\beta}^k)\right) \tag{6.14}$$

$$\widetilde{r_{\alpha\beta}^q} = \Delta\left(\sum_{k=1}^{s_q} \omega_k^q \Delta^{-1}(\widetilde{r_{\alpha\beta}^k})\right) \tag{6.15}$$

R 和 $\widetilde{R}$ 代表类内的群体意见，该意见具有较高的群体共识度，且使得整个类的双重信息融合度较高。

二　类间专家权重设置方法

经过双重信息融合聚类后，不同类别之间的群体意见相似性较小，则类间群体共识度也较小。为了使集结的群体意见具有较强的有效性，则需要设置权重使得类间群体共识最大，即类别间差异最小。同时，类别群体双重信息融合度越大，说明类别的群体意见具备较高的可靠性，因此设置权重应使得整体意见可靠性最大。设类间权重向量为 $\omega_o = (\omega_o^1, \omega_o^2, \cdots, \omega_o^Q)$，以上述目标设计多目标规划模型如下，以求得各类间权重：

$$\min Z = \sum_{\substack{q1=1 \\ q1\neq q2}}^{Q} \sum_{\alpha=1}^{m} \sum_{\alpha<\beta}^{m} (\Delta^{-1}(r_{\alpha\beta}^{q1})\omega_o^{q1} - \Delta^{-1}(r_{\alpha\beta}^{q2})\omega_o^{q2})^2$$

$$+ \sum_{\substack{q1=1 \\ q1\neq q2}}^{Q} \sum_{\alpha=1}^{m} \sum_{\alpha<\beta}^{m} (\Delta^{-1}(\widetilde{r_{\alpha\beta}^{q1}})\omega_o^{q1} - \Delta^{-1}(\widetilde{r_{\alpha\beta}^{q2}})\omega_o^{q2})^2$$

$$\max\phi = \phi^1\omega_o^1 + \phi^2\omega_o^2 + \cdots + \phi^Q\omega_o^Q$$

$$s.t. \begin{cases} 0 \leqslant \omega_o^q \leqslant 1, \quad q = 1, 2, \cdots, Q \\ \sum_Q \omega_o^q = 1 \end{cases} \tag{M-6.3}$$

明显可知，M-6.3 可行域存在，有最优解。由于目标函数 Z 和 ϕ 的量纲不同，需要先对两个目标函数做无量纲化处理。假设在同样的约束条件下，$Z_{\max}$ 和 $Z_{\min}$ 为 Z 的最大值和最小值，$\phi_{\max}$ 和 $\phi_{\min}$ 为 ϕ 的最大值和最小值，设定目标函数权重，上述目标函数可转化为如下单目标规划模型：

$$\min Z' = \xi \frac{Z - Z_{\min}}{Z_{\max} - Z_{\min}} - (1-\xi)\frac{\phi - \phi_{\min}}{\phi_{\max} - \phi_{\min}}$$

$$s.t. \begin{cases} 0 \leqslant \omega_o^q \leqslant 1, \quad q = 1, 2, \cdots, Q \\ \sum_Q \omega_o^q = 1 \end{cases} \qquad (\text{M-6.4})$$

使用 Lingo 软件求解，可得类间权重 $\omega_o = (\omega_o^1, \omega_o^2, \cdots, \omega_o^Q)$。与此同时，考虑到规模较大的类代表了较多专家的意见，具有较大的代表性；规模较小的类中包含专家数目较少，代表性较小。因此，在考虑类内专家数目占总人数的比例的基础上，对类间权重 ω_o 进行修正，得到修正类间权重 $\omega'_o = (\omega_o^{1'}, \omega_o^{2'}, \cdots, \omega_o^{Q'})$。

$$\omega'_o = \sigma \omega_o + (1 - \sigma) \frac{S_q}{s} \qquad (6.16)$$

其中，σ 代表决策者对类间权重的修正系数，S_q/s 表示类内专家人数占专家总数的比例。$\sigma > 0.5$，表明决策者较重视专家评估可靠性的影响；$\sigma < 0.5$，表明决策者较重视专家意见的代表性。在实际决策问题中，若类与类之间的规模差异较大，建议取较小的 σ；若类与类之间的规模差异较小，建议取较大的 σ。

三　双重信息群体集结模型

依据公式（6.14 – 6.16）对聚类群体信息进行集结得到群偏好信息 $R' = (r'_{\alpha\beta})_{m \times m}$ 和群导出偏好信息 $\widetilde{R'} = (\widetilde{r'_{\alpha\beta}})_{m \times m}$，其中

$$r'_{\alpha\beta} = \Delta \left(\sum_{q=1}^Q \omega_o^{q\prime} \Delta^{-1}(r_{\alpha\beta}^q) \right) \qquad (6.17)$$

$$\widetilde{r'_{\alpha\beta}} = \Delta \left(\sum_{q=1}^Q \omega_o^{q\prime} \Delta^{-1}(\widetilde{r_{\alpha\beta}^q}) \right) \qquad (6.18)$$

设定专家偏好信息的信任程度为 δ，可得群综合偏好信息 $\overline{R} = (\overline{r_{\alpha\beta}})_{m \times m}$，其中

$$\overline{r_{\alpha\beta}} = \Delta(\delta \Delta^{-1}(r'_{\alpha\beta}) + (1 - \delta)\Delta^{-1}(\widetilde{r'_{\alpha\beta}})) \qquad (6.19)$$

明显可知，群综合偏好信息 $\overline{R}$ 是一个二元语义形式的判断矩阵，且满足 $\Delta^{-1}(\overline{r_{\alpha\beta}}) + \Delta^{-1}(\overline{r_{\beta\alpha}}) = g$，$\Delta^{-1}(\overline{r_{\alpha\alpha}}) = \frac{g}{2}$。因此，依据判断矩阵的排序方法可以得到方案的最终排序，进而确定最优方案。

第四节　多阶段大规模群体双重信息集结研究

一　阶段权重设置方法

多阶段决策问题中阶段权重的设置方法有很多，涉及主观赋权、基于阶段信息挖掘的赋权、根据阶段特征的赋权方法等，然而现有的决策方法都是针对单一类型信息的多阶段问题进行研究，其阶段特征都只与单一类型信息相关。本章中研究的多阶段双重信息集结问题涉及双重类别、异质结构的专家评估信息，现有方法还未能解决与此相关的阶段权重设置方法。因此，本节主要研究多阶段双重信息相关的阶段权重设置方法。

阶段权重主要反映阶段信息的客观特征和决策者对阶段重要性的主观要求。阶段信息的客观特征主要由阶段信息的重要性、精确性或可靠性来决定，尤其是大规模群体决策环境下，阶段信息主要由专家依据专业知识和主观经验得到，阶段信息的可靠性直接影响到阶段权重的大小。专家提供的双重信息反映了不同纬度和不同形式的方案绩效表现，两者之间具有一定的联系和一致性特征。若专家提供的双重信息反映的方案绩效存在较大差异，则说明评估信息的可信度较低，专家评估的可靠性较小；若专家提供的双重反映的方案绩效结果存在较好一致性，则说明评估信息的可信度较高，专家评估的可靠性较大。因此，通过6.3.1节的双重信息融合度可以考量阶段信息的可信度，从而可以测算阶段权重的大小。

假设存在 p 个阶段的大群体双重信息，根据6.2节和6.3节中的方法对大群体进行聚类分析，则依据定义6.6和6.8中的双重信息融合度指标，定义如下阶段双重信息融合度。

定义6.9　称 ϕ_t 为 t 阶段下的阶段双重信息融合度，其中

$$\phi_t = \sum_{q=1}^{Q} \phi^q \omega_o^{q\prime} = \sum_{q=1}^{Q} \frac{\sum_{k=1}^{S_q} (\phi^{qk})^2 \omega_o^{q\prime}}{\sum_{k=1}^{S_q} \phi^{qk}} \quad (6.20)$$

公式（6.20）中的 ϕ^{qk} 表示第 q 类中第 k 个专家的双重信息融合度，具体参见公式（6.11）。$\omega_o^{q\prime}$ 表示修正类间权重，具体参见公式（6.16）。ϕ_t 表征多阶段情景下各阶段的双重信息可信度。ϕ_t 越大，说明阶段信息的

精确度和可靠性越大；反之亦然。如果决策者对阶段权重没有主观偏好，则可以依据 ϕ_t 为各阶段赋权。

定义 6.10　称 λ_t 为 t 阶段的阶段权重，其中

$$\lambda_t = \frac{\phi^t}{\sum_{t=1}^{p} \phi^t} \tag{6.21}$$

明显可得，$0 \leqslant \lambda_t \leqslant 1$，$\sum_{t=1}^{p} \lambda_t = 1$。公式（6.21）中的阶段权重 λ_t 可以反映该阶段下的双重信息的融合相似程度。λ_t 越大，说明该阶段的双重信息的可靠性越大；反之亦然。

依据 λ_t 可对各阶段的群综合偏好信息 $\overline{R_t} = (\overline{r_{\alpha\beta t}})_{m \times m}$ 进行集结，得到动态综合群偏好信息 $\overline{\overline{R}} = (\overline{\overline{r_{\alpha\beta}}})_{m \times m}$，其中

$$\overline{\overline{r_{\alpha\beta}}} = \Delta\left[\sum_{t=1}^{p} \lambda_t \Delta^{-1}(\overline{r_{\alpha\beta t}}) \right] \tag{6.22}$$

公式（6.22）中，$\overline{r_{\alpha\beta t}}$ 表征第 t 阶段的群综合偏好信息，具体参见公式（6.19）。明显可知，$\overline{\overline{R}}$ 是二元语义形式的模糊判断矩阵，满足 $\Delta^{-1}(\overline{\overline{r_{\alpha\beta}}}) + \Delta^{-1}(\overline{\overline{r_{\beta\alpha}}}) = g$，$\Delta^{-1}(\overline{\overline{r_{\alpha\alpha}}}) = \frac{g}{2}$。因此，可以依据判断矩阵的排序方法获得方案排序。

二　多阶段大规模群体双重信息集结步骤

多阶段大规模群体双重语言信息集结方法步骤如下：

步骤 1：依据 6.2 节的方法对各阶段下的大规模群体进行双重信息融合聚类；

步骤 2：依据 6.3.1 节的方法获得各阶段类内专家权重（公式 6.12），并对类内的专家意见进行集结（公式 6.14-6.15）；

步骤 3：依据 6.3.2 节的方法获得各阶段类间权重（公式 6.16），并对各阶段类间信息进行集结得到各阶段群综合偏好信息（公式 6.19）；

步骤 4：依据 6.4.1 节的方法获得阶段权重（公式 6.21），并对各阶段群综合偏好信息进行集结，得到动态群综合偏好信息 $\overline{\overline{R}} = (\overline{\overline{r_{\alpha\beta}}})_{m \times m}$（公

式 6.22）；

步骤 5：依据动态群综合偏好信息 $\overline{R}$ 得到方案排序，具体方法参见 4.3.3 节中公式（4.5）。

第五节　应用研究

为了实现加快建设资源节约型、环境友好型社会的重大战略构想，国家以及各省市纷纷制定了一系列促进低碳节能减排的相关政策，以应对全球气候变化对社会带来的不利影响。评估低碳节能减排政策实施效果可以了解现有政策执行的绩效成果，为今后制定更加高效可行的低碳政策提供依据和方向。现对五个省级区域的低碳政策实施效果进行评估，涉及产业结构、能源消费、公众低碳意识以及碳排放四个方面的绩效。低碳政策的实施是个长期的战略行为，相应的政策实施效果需要较长周期才能凸显，因此需要涉及多个阶段的评价过程。评价组织方邀请了 15 位来自政府部门、研究所、高校等机构多个领域的专家对五个目标区域的低碳政策实施效果进行评价。设语言变量集为 $S = \{s_0 = $ 极差，$s_1 = $ 差，$s_2 = $ 稍差，$s_3 = $ 一般，$s_4 = $ 稍好，$s_5 = $ 好，$s_6 = $ 极好$\}$。专家从 S 中选择合适的语言变量对三个阶段五个评价目标四个属性方面的绩效进行评价，得到多属性决策矩阵 $X_t^d (d = 1 \sim 15, t = 1 \sim 3)$，同时从整体角度对比三个阶段两两地区的实施效果，提供专家判断矩阵 $R_t^d (d = 1 \sim 15, t = 1 \sim 3)$。由于专家成员较多，为了提高决策效率，增加群体决策的共识水平，本例使用聚类分析为基础的群体信息集结方法：

第 1 阶段下专家判断矩阵如下：

$$R_1^1 = \begin{bmatrix} s_3 & s_4 & s_3 & s_6 & s_4 \\ s_2 & s_3 & s_5 & s_4 & s_2 \\ s_3 & s_1 & s_3 & s_4 & s_5 \\ s_0 & s_2 & s_2 & s_3 & s_3 \\ s_2 & s_4 & s_1 & s_3 & s_3 \end{bmatrix}, R_1^2 = \begin{bmatrix} s_3 & s_5 & s_4 & s_6 & s_4 \\ s_1 & s_3 & s_5 & s_3 & s_1 \\ s_2 & s_1 & s_3 & s_4 & s_5 \\ s_0 & s_3 & s_2 & s_3 & s_5 \\ s_2 & s_5 & s_1 & s_1 & s_3 \end{bmatrix}, R_1^3 = \begin{bmatrix} s_3 & s_2 & s_3 & s_4 & s_3 \\ s_4 & s_3 & s_2 & s_5 & s_5 \\ s_3 & s_4 & s_3 & s_6 & s_4 \\ s_2 & s_1 & s_0 & s_4 & s_2 \\ s_3 & s_1 & s_2 & s_4 & s_3 \end{bmatrix},$$

$$R_1^4 = \begin{bmatrix} s_3 & s_6 & s_4 & s_4 & s_3 \\ s_0 & s_3 & s_4 & s_6 & s_3 \\ s_2 & s_2 & s_3 & s_6 & s_4 \\ s_2 & s_0 & s_0 & s_3 & s_2 \\ s_3 & s_3 & s_2 & s_4 & s_3 \end{bmatrix}, R_1^5 = \begin{bmatrix} s_3 & s_4 & s_3 & s_4 & s_6 \\ s_2 & s_3 & s_5 & s_5 & s_2 \\ s_3 & s_1 & s_3 & s_3 & s_2 \\ s_2 & s_1 & s_3 & s_3 & s_5 \\ s_0 & s_4 & s_4 & s_1 & s_3 \end{bmatrix}, R_1^6 = \begin{bmatrix} s_3 & s_2 & s_2 & s_6 & s_4 \\ s_4 & s_3 & s_1 & s_4 & s_6 \\ s_4 & s_5 & s_3 & s_5 & s_4 \\ s_0 & s_2 & s_1 & s_3 & s_3 \\ s_2 & s_0 & s_2 & s_3 & s_3 \end{bmatrix},$$

$$R_1^7 = \begin{bmatrix} s_3 & s_3 & s_4 & s_3 & s_6 \\ s_3 & s_3 & s_4 & s_5 & s_5 \\ s_2 & s_2 & s_3 & s_6 & s_5 \\ s_3 & s_2 & s_0 & s_3 & s_4 \\ s_0 & s_2 & s_1 & s_2 & s_3 \end{bmatrix}, R_1^8 = \begin{bmatrix} s_3 & s_4 & s_5 & s_5 & s_3 \\ s_2 & s_3 & s_5 & s_6 & s_4 \\ s_1 & s_1 & s_3 & s_2 & s_3 \\ s_1 & s_0 & s_4 & s_3 & s_2 \\ s_3 & s_2 & s_3 & s_4 & s_3 \end{bmatrix}, R_1^9 = \begin{bmatrix} s_3 & s_4 & s_2 & s_6 & s_5 \\ s_2 & s_3 & s_3 & s_4 & s_5 \\ s_4 & s_3 & s_3 & s_5 & s_3 \\ s_0 & s_2 & s_1 & s_3 & s_3 \\ s_1 & s_1 & s_3 & s_3 & s_3 \end{bmatrix},$$

$$R_1^{10} = \begin{bmatrix} s_3 & s_1 & s_3 & s_5 & s_4 \\ s_5 & s_3 & s_2 & s_4 & s_3 \\ s_3 & s_4 & s_3 & s_4 & s_4 \\ s_1 & s_2 & s_2 & s_3 & s_5 \\ s_2 & s_3 & s_2 & s_1 & s_3 \end{bmatrix}, R_1^{11} = \begin{bmatrix} s_3 & s_4 & s_3 & s_5 & s_5 \\ s_2 & s_3 & s_3 & s_4 & s_4 \\ s_3 & s_3 & s_3 & s_6 & s_6 \\ s_1 & s_2 & s_0 & s_3 & s_2 \\ s_1 & s_2 & s_0 & s_4 & s_3 \end{bmatrix}, R_1^{12} = \begin{bmatrix} s_3 & s_2 & s_4 & s_4 & s_3 \\ s_4 & s_3 & s_5 & s_3 & s_3 \\ s_2 & s_1 & s_3 & s_6 & s_5 \\ s_2 & s_3 & s_0 & s_3 & s_4 \\ s_3 & s_3 & s_1 & s_2 & s_3 \end{bmatrix},$$

$$R_1^{13} = \begin{bmatrix} s_3 & s_5 & s_4 & s_6 & s_5 \\ s_1 & s_3 & s_5 & s_4 & s_5 \\ s_2 & s_1 & s_3 & s_2 & s_3 \\ s_0 & s_2 & s_4 & s_3 & s_4 \\ s_1 & s_0 & s_3 & s_2 & s_3 \end{bmatrix}, R_1^{14} = \begin{bmatrix} s_3 & s_3 & s_4 & s_3 & s_5 \\ s_3 & s_3 & s_2 & s_4 & s_6 \\ s_2 & s_4 & s_3 & s_4 & s_5 \\ s_3 & s_2 & s_2 & s_3 & s_4 \\ s_1 & s_0 & s_1 & s_2 & s_3 \end{bmatrix}, R_1^{15} = \begin{bmatrix} s_3 & s_4 & s_6 & s_4 & s_2 \\ s_2 & s_3 & s_4 & s_4 & s_2 \\ s_0 & s_2 & s_3 & s_2 & s_2 \\ s_2 & s_2 & s_4 & s_3 & s_1 \\ s_4 & s_4 & s_4 & s_5 & s_3 \end{bmatrix}。$$

第 1 阶段下多属性决策矩阵如下：

$$X_1^1 = \begin{bmatrix} s_6 & s_5 & s_4 & s_4 \\ s_3 & s_6 & s_5 & s_5 \\ s_3 & s_3 & s_3 & s_2 \\ s_2 & s_2 & s_1 & s_3 \\ s_2 & s_4 & s_5 & s_3 \end{bmatrix}, X_1^2 = \begin{bmatrix} s_5 & s_4 & s_4 & s_3 \\ s_3 & s_3 & s_4 & s_4 \\ s_4 & s_4 & s_5 & s_5 \\ s_2 & s_2 & s_1 & s_2 \\ s_3 & s_2 & s_4 & s_3 \end{bmatrix}, X_1^3 = \begin{bmatrix} s_6 & s_6 & s_4 & s_5 \\ s_4 & s_3 & s_3 & s_3 \\ s_3 & s_2 & s_5 & s_1 \\ s_3 & s_4 & s_3 & s_2 \\ s_5 & s_1 & s_5 & s_3 \end{bmatrix},$$

$$X_1^4 = \begin{bmatrix} s_4 & s_5 & s_4 & s_3 \\ s_5 & s_6 & s_5 & s_5 \\ s_3 & s_2 & s_4 & s_5 \\ s_4 & s_4 & s_2 & s_2 \\ s_2 & s_3 & s_4 & s_3 \end{bmatrix}, X_1^5 = \begin{bmatrix} s_6 & s_4 & s_4 & s_3 \\ s_4 & s_2 & s_3 & s_4 \\ s_3 & s_5 & s_6 & s_6 \\ s_5 & s_3 & s_2 & s_2 \\ s_1 & s_3 & s_4 & s_3 \end{bmatrix}, X_1^6 = \begin{bmatrix} s_3 & s_5 & s_3 & s_5 \\ s_4 & s_5 & s_3 & s_5 \\ s_5 & s_6 & s_6 & s_3 \\ s_1 & s_3 & s_2 & s_4 \\ s_6 & s_3 & s_1 & s_1 \end{bmatrix},$$

$$X_1^7 = \begin{bmatrix} s_3 & s_5 & s_5 & s_4 \\ s_5 & s_4 & s_4 & s_4 \\ s_2 & s_4 & s_3 & s_3 \\ s_4 & s_2 & s_2 & s_5 \\ s_2 & s_4 & s_5 & s_2 \end{bmatrix}, X_1^8 = \begin{bmatrix} s_6 & s_5 & s_4 & s_5 \\ s_5 & s_4 & s_4 & s_4 \\ s_2 & s_1 & s_3 & s_5 \\ s_3 & s_4 & s_2 & s_4 \\ s_5 & s_5 & s_5 & s_3 \end{bmatrix}, X_1^9 = \begin{bmatrix} s_4 & s_5 & s_5 & s_3 \\ s_3 & s_4 & s_4 & s_5 \\ s_1 & s_5 & s_2 & s_1 \\ s_5 & s_4 & s_6 & s_2 \\ s_2 & s_3 & s_3 & s_2 \end{bmatrix},$$

$$X_1^{10} = \begin{bmatrix} s_4 & s_4 & s_5 & s_6 \\ s_5 & s_3 & s_5 & s_4 \\ s_3 & s_5 & s_4 & s_5 \\ s_4 & s_2 & s_2 & s_1 \\ s_2 & s_2 & s_3 & s_5 \end{bmatrix}, X_1^{11} = \begin{bmatrix} s_5 & s_2 & s_4 & s_4 \\ s_2 & s_5 & s_3 & s_2 \\ s_2 & s_4 & s_4 & s_3 \\ s_6 & s_3 & s_2 & s_5 \\ s_5 & s_3 & s_5 & s_1 \end{bmatrix}, X_1^{12} = \begin{bmatrix} s_6 & s_6 & s_4 & s_3 \\ s_2 & s_4 & s_6 & s_5 \\ s_4 & s_3 & s_2 & s_3 \\ s_2 & s_2 & s_2 & s_4 \\ s_3 & s_4 & s_4 & s_3 \end{bmatrix},$$

$$X_1^{13} = \begin{bmatrix} s_5 & s_4 & s_2 & s_3 \\ s_2 & s_6 & s_6 & s_4 \\ s_3 & s_3 & s_2 & s_1 \\ s_2 & s_3 & s_2 & s_4 \\ s_3 & s_4 & s_4 & s_3 \end{bmatrix}, X_1^{14} = \begin{bmatrix} s_6 & s_4 & s_4 & s_4 \\ s_3 & s_2 & s_5 & s_5 \\ s_3 & s_5 & s_4 & s_2 \\ s_4 & s_3 & s_2 & s_4 \\ s_2 & s_4 & s_4 & s_3 \end{bmatrix}, X_1^{15} = \begin{bmatrix} s_6 & s_4 & s_4 & s_5 \\ s_2 & s_2 & s_6 & s_4 \\ s_3 & s_6 & s_2 & s_3 \\ s_4 & s_2 & s_2 & s_4 \\ s_5 & s_4 & s_5 & s_2 \end{bmatrix}_\circ$$

第 2 阶段下专家判断矩阵如下：

$$R_2^1 = \begin{bmatrix} s_3 & s_6 & s_4 & s_4 & s_3 \\ s_0 & s_3 & s_4 & s_5 & s_3 \\ s_2 & s_2 & s_3 & s_4 & s_3 \\ s_2 & s_1 & s_2 & s_3 & s_2 \\ s_3 & s_3 & s_3 & s_4 & s_3 \end{bmatrix}, R_2^2 = \begin{bmatrix} s_3 & s_5 & s_4 & s_5 & s_3 \\ s_1 & s_3 & s_6 & s_1 & s_2 \\ s_2 & s_0 & s_3 & s_2 & s_3 \\ s_1 & s_5 & s_4 & s_3 & s_5 \\ s_3 & s_4 & s_3 & s_1 & s_3 \end{bmatrix}, R_2^3 = \begin{bmatrix} s_3 & s_3 & s_3 & s_5 & s_2 \\ s_3 & s_3 & s_3 & s_5 & s_6 \\ s_3 & s_3 & s_3 & s_5 & s_5 \\ s_1 & s_1 & s_1 & s_3 & s_3 \\ s_4 & s_0 & s_1 & s_3 & s_3 \end{bmatrix},$$

$$R_2^4 = \begin{bmatrix} s_3 & s_5 & s_3 & s_5 & s_6 \\ s_1 & s_3 & s_3 & s_5 & s_4 \\ s_3 & s_3 & s_3 & s_6 & s_6 \\ s_1 & s_1 & s_0 & s_3 & s_2 \\ s_0 & s_2 & s_0 & s_4 & s_3 \end{bmatrix}, R_2^5 = \begin{bmatrix} s_3 & s_5 & s_4 & s_4 & s_5 \\ s_1 & s_3 & s_5 & s_4 & s_5 \\ s_2 & s_1 & s_3 & s_3 & s_3 \\ s_2 & s_2 & s_3 & s_3 & s_6 \\ s_1 & s_0 & s_3 & s_0 & s_3 \end{bmatrix}, R_2^6 = \begin{bmatrix} s_3 & s_3 & s_2 & s_6 & s_4 \\ s_3 & s_3 & s_2 & s_5 & s_6 \\ s_4 & s_4 & s_3 & s_5 & s_4 \\ s_0 & s_1 & s_1 & s_3 & s_3 \\ s_2 & s_0 & s_2 & s_3 & s_3 \end{bmatrix},$$

$$R_2^7 = \begin{bmatrix} s_3 & s_4 & s_5 & s_3 & s_3 \\ s_2 & s_3 & s_4 & s_5 & s_5 \\ s_1 & s_2 & s_3 & s_6 & s_5 \\ s_3 & s_2 & s_0 & s_3 & s_4 \\ s_3 & s_2 & s_1 & s_2 & s_3 \end{bmatrix}, R_2^8 = \begin{bmatrix} s_3 & s_4 & s_5 & s_6 & s_4 \\ s_2 & s_3 & s_5 & s_6 & s_3 \\ s_1 & s_1 & s_3 & s_2 & s_3 \\ s_0 & s_0 & s_4 & s_3 & s_1 \\ s_2 & s_3 & s_3 & s_5 & s_3 \end{bmatrix}, R_2^9 = \begin{bmatrix} s_3 & s_3 & s_1 & s_6 & s_5 \\ s_3 & s_3 & s_3 & s_4 & s_5 \\ s_5 & s_5 & s_3 & s_4 & s_3 \\ s_0 & s_2 & s_2 & s_3 & s_3 \\ s_1 & s_1 & s_3 & s_3 & s_3 \end{bmatrix},$$

$$R_2^{10} = \begin{bmatrix} s_3 & s_0 & s_3 & s_5 & s_4 \\ s_6 & s_3 & s_2 & s_4 & s_3 \\ s_3 & s_4 & s_3 & s_3 & s_4 \\ s_1 & s_2 & s_3 & s_3 & s_4 \\ s_2 & s_3 & s_2 & s_2 & s_3 \end{bmatrix}, R_2^{11} = \begin{bmatrix} s_3 & s_5 & s_3 & s_5 & s_5 \\ s_1 & s_3 & s_3 & s_4 & s_4 \\ s_3 & s_3 & s_3 & s_4 & s_3 \\ s_1 & s_2 & s_2 & s_3 & s_2 \\ s_1 & s_2 & s_3 & s_4 & s_3 \end{bmatrix}, R_2^{12} = \begin{bmatrix} s_3 & s_4 & s_4 & s_6 & s_5 \\ s_2 & s_3 & s_5 & s_4 & s_2 \\ s_2 & s_1 & s_3 & s_3 & s_5 \\ s_0 & s_2 & s_3 & s_3 & s_3 \\ s_1 & s_4 & s_1 & s_3 & s_3 \end{bmatrix},$$

$$R_2^{13} = \begin{bmatrix} s_3 & s_5 & s_4 & s_6 & s_5 \\ s_1 & s_3 & s_6 & s_4 & s_5 \\ s_2 & s_0 & s_3 & s_2 & s_3 \\ s_0 & s_2 & s_4 & s_3 & s_3 \\ s_1 & s_0 & s_3 & s_3 & s_3 \end{bmatrix}, R_2^{14} = \begin{bmatrix} s_3 & s_3 & s_4 & s_3 & s_5 \\ s_3 & s_3 & s_1 & s_4 & s_6 \\ s_2 & s_5 & s_3 & s_3 & s_5 \\ s_3 & s_2 & s_3 & s_3 & s_6 \\ s_1 & s_0 & s_1 & s_0 & s_3 \end{bmatrix}, R_2^{15} = \begin{bmatrix} s_3 & s_3 & s_6 & s_4 & s_2 \\ s_3 & s_3 & s_4 & s_4 & s_2 \\ s_0 & s_2 & s_3 & s_1 & s_2 \\ s_2 & s_2 & s_5 & s_3 & s_3 \\ s_4 & s_4 & s_4 & s_3 & s_3 \end{bmatrix}。$$

第 2 阶段下多属性决策矩阵如下：

$$X_2^1 = \begin{bmatrix} s_5 & s_5 & s_4 & s_4 \\ s_3 & s_4 & s_5 & s_5 \\ s_3 & s_3 & s_2 & s_2 \\ s_4 & s_2 & s_1 & s_3 \\ s_2 & s_4 & s_5 & s_3 \end{bmatrix}, X_2^2 = \begin{bmatrix} s_5 & s_6 & s_4 & s_3 \\ s_3 & s_3 & s_3 & s_6 \\ s_4 & s_3 & s_5 & s_5 \\ s_2 & s_4 & s_1 & s_2 \\ s_3 & s_2 & s_4 & s_3 \end{bmatrix}, X_2^3 = \begin{bmatrix} s_5 & s_4 & s_4 & s_4 \\ s_2 & s_5 & s_6 & s_2 \\ s_2 & s_4 & s_4 & s_3 \\ s_6 & s_2 & s_2 & s_5 \\ s_5 & s_3 & s_6 & s_1 \end{bmatrix},$$

$$X_2^4 = \begin{bmatrix} s_6 & s_5 & s_4 & s_5 \\ s_5 & s_4 & s_6 & s_4 \\ s_2 & s_4 & s_3 & s_5 \\ s_3 & s_3 & s_6 & s_4 \\ s_5 & s_5 & s_5 & s_3 \end{bmatrix}, X_2^5 = \begin{bmatrix} s_5 & s_5 & s_5 & s_4 \\ s_5 & s_4 & s_4 & s_6 \\ s_2 & s_4 & s_3 & s_3 \\ s_5 & s_2 & s_3 & s_5 \\ s_2 & s_4 & s_5 & s_4 \end{bmatrix}, X_2^6 = \begin{bmatrix} s_4 & s_5 & s_6 & s_3 \\ s_5 & s_6 & s_5 & s_4 \\ s_3 & s_3 & s_3 & s_5 \\ s_4 & s_4 & s_5 & s_2 \\ s_2 & s_2 & s_4 & s_3 \end{bmatrix},$$

$$X_2^7 = \begin{bmatrix} s_6 & s_4 & s_4 & s_3 \\ s_4 & s_5 & s_3 & s_4 \\ s_3 & s_5 & s_4 & s_6 \\ s_5 & s_5 & s_2 & s_2 \\ s_1 & s_0 & s_6 & s_3 \end{bmatrix}, X_2^8 = \begin{bmatrix} s_3 & s_5 & s_3 & s_5 \\ s_4 & s_5 & s_4 & s_5 \\ s_5 & s_3 & s_2 & s_3 \\ s_4 & s_5 & s_4 & s_4 \\ s_5 & s_3 & s_1 & s_1 \end{bmatrix}, X_2^9 = \begin{bmatrix} s_4 & s_5 & s_6 & s_3 \\ s_3 & s_4 & s_5 & s_5 \\ s_1 & s_4 & s_6 & s_0 \\ s_5 & s_4 & s_4 & s_3 \\ s_2 & s_3 & s_2 & s_2 \end{bmatrix},$$

$$X_2^{10} = \begin{bmatrix} s_4 & s_3 & s_5 & s_4 \\ s_5 & s_3 & s_5 & s_4 \\ s_3 & s_6 & s_4 & s_5 \\ s_4 & s_4 & s_2 & s_1 \\ s_2 & s_2 & s_0 & s_5 \end{bmatrix}, X_2^{11} = \begin{bmatrix} s_6 & s_4 & s_4 & s_5 \\ s_2 & s_5 & s_4 & s_4 \\ s_3 & s_5 & s_4 & s_3 \\ s_4 & s_2 & s_2 & s_4 \\ s_0 & s_4 & s_5 & s_2 \end{bmatrix}, X_2^{12} = \begin{bmatrix} s_5 & s_2 & s_5 & s_4 \\ s_2 & s_5 & s_6 & s_2 \\ s_2 & s_4 & s_4 & s_3 \\ s_6 & s_3 & s_5 & s_5 \\ s_5 & s_0 & s_5 & s_4 \end{bmatrix},$$

$$X_2^{13} = \begin{bmatrix} s_3 & s_5 & s_4 & s_5 \\ s_4 & s_5 & s_3 & s_3 \\ s_3 & s_2 & s_5 & s_3 \\ s_3 & s_4 & s_3 & s_2 \\ s_0 & s_4 & s_6 & s_3 \end{bmatrix}, X_2^{14} = \begin{bmatrix} s_5 & s_6 & s_4 & s_3 \\ s_2 & s_3 & s_6 & s_5 \\ s_4 & s_3 & s_5 & s_3 \\ s_2 & s_2 & s_4 & s_4 \\ s_3 & s_5 & s_6 & s_3 \end{bmatrix}, X_2^{15} = \begin{bmatrix} s_5 & s_6 & s_2 & s_3 \\ s_2 & s_4 & s_6 & s_4 \\ s_3 & s_3 & s_4 & s_1 \\ s_2 & s_4 & s_3 & s_4 \\ s_3 & s_6 & s_3 & s_3 \end{bmatrix}。$$

第 3 阶段下专家判断矩阵如下：

$$R_3^1 = \begin{bmatrix} s_3 & s_4 & s_3 & s_5 & s_5 \\ s_2 & s_3 & s_5 & s_4 & s_2 \\ s_3 & s_1 & s_3 & s_4 & s_4 \\ s_1 & s_2 & s_2 & s_3 & s_3 \\ s_1 & s_4 & s_2 & s_3 & s_3 \end{bmatrix}, R_3^2 = \begin{bmatrix} s_3 & s_6 & s_3 & s_4 & s_4 \\ s_0 & s_3 & s_5 & s_4 & s_1 \\ s_3 & s_1 & s_3 & s_3 & s_5 \\ s_2 & s_2 & s_3 & s_3 & s_5 \\ s_2 & s_5 & s_1 & s_1 & s_3 \end{bmatrix}, R_3^3 = \begin{bmatrix} s_3 & s_4 & s_5 & s_4 & s_3 \\ s_2 & s_3 & s_6 & s_6 & s_3 \\ s_1 & s_0 & s_3 & s_3 & s_4 \\ s_2 & s_0 & s_3 & s_3 & s_2 \\ s_3 & s_3 & s_2 & s_4 & s_3 \end{bmatrix},$$

$$R_3^4 = \begin{bmatrix} s_3 & s_1 & s_3 & s_4 & s_3 \\ s_5 & s_3 & s_5 & s_4 & s_3 \\ s_3 & s_1 & s_3 & s_6 & s_5 \\ s_2 & s_2 & s_0 & s_3 & s_4 \\ s_3 & s_3 & s_1 & s_2 & s_3 \end{bmatrix}, R_3^5 = \begin{bmatrix} s_3 & s_4 & s_4 & s_5 & s_5 \\ s_2 & s_3 & s_2 & s_4 & s_5 \\ s_2 & s_4 & s_3 & s_4 & s_5 \\ s_1 & s_2 & s_2 & s_3 & s_3 \\ s_1 & s_1 & s_1 & s_3 & s_3 \end{bmatrix}, R_3^6 = \begin{bmatrix} s_3 & s_3 & s_3 & s_4 & s_5 \\ s_5 & s_3 & s_2 & s_5 & s_5 \\ s_3 & s_4 & s_3 & s_5 & s_3 \\ s_2 & s_1 & s_1 & s_3 & s_2 \\ s_1 & s_1 & s_3 & s_4 & s_3 \end{bmatrix},$$

$$R_3^7 = \begin{bmatrix} s_3 & s_4 & s_6 & s_4 & s_2 \\ s_2 & s_3 & s_4 & s_4 & s_2 \\ s_0 & s_2 & s_3 & s_2 & s_2 \\ s_2 & s_2 & s_4 & s_3 & s_1 \\ s_4 & s_4 & s_4 & s_5 & s_3 \end{bmatrix}, R_3^8 = \begin{bmatrix} s_3 & s_4 & s_3 & s_5 & s_6 \\ s_2 & s_3 & s_4 & s_5 & s_2 \\ s_3 & s_2 & s_3 & s_3 & s_2 \\ s_1 & s_1 & s_3 & s_3 & s_5 \\ s_0 & s_4 & s_4 & s_1 & s_3 \end{bmatrix}, R_3^9 = \begin{bmatrix} s_3 & s_1 & s_2 & s_5 & s_4 \\ s_5 & s_3 & s_1 & s_4 & s_6 \\ s_4 & s_5 & s_3 & s_3 & s_4 \\ s_1 & s_2 & s_3 & s_3 & s_3 \\ s_2 & s_0 & s_2 & s_3 & s_3 \end{bmatrix},$$

$$R_3^{10} = \begin{bmatrix} s_3 & s_3 & s_4 & s_3 & s_5 \\ s_3 & s_3 & s_5 & s_5 & s_5 \\ s_2 & s_1 & s_3 & s_6 & s_4 \\ s_3 & s_2 & s_0 & s_3 & s_4 \\ s_1 & s_2 & s_2 & s_3 & s_3 \end{bmatrix}, R_3^{11} = \begin{bmatrix} s_3 & s_3 & s_5 & s_5 & s_5 \\ s_3 & s_3 & s_5 & s_4 & s_4 \\ s_1 & s_1 & s_3 & s_2 & s_3 \\ s_1 & s_2 & s_4 & s_3 & s_2 \\ s_1 & s_2 & s_3 & s_4 & s_3 \end{bmatrix}, R_3^{12} = \begin{bmatrix} s_3 & s_3 & s_2 & s_4 & s_5 \\ s_3 & s_3 & s_4 & s_4 & s_5 \\ s_4 & s_2 & s_3 & s_6 & s_3 \\ s_2 & s_2 & s_0 & s_3 & s_3 \\ s_1 & s_1 & s_3 & s_3 & s_3 \end{bmatrix},$$

$$R_3^{13} = \begin{bmatrix} s_3 & s_3 & s_2 & s_3 & s_4 \\ s_4 & s_3 & s_1 & s_4 & s_3 \\ s_3 & s_5 & s_3 & s_3 & s_4 \\ s_2 & s_2 & s_3 & s_3 & s_5 \\ s_2 & s_3 & s_2 & s_1 & s_3 \end{bmatrix}, R_3^{14} = \begin{bmatrix} s_3 & s_5 & s_5 & s_6 & s_5 \\ s_1 & s_3 & s_3 & s_6 & s_4 \\ s_1 & s_3 & s_3 & s_6 & s_3 \\ s_0 & s_0 & s_0 & s_3 & s_2 \\ s_1 & s_2 & s_3 & s_4 & s_3 \end{bmatrix}, R_3^{15} = \begin{bmatrix} s_3 & s_5 & s_4 & s_6 & s_5 \\ s_1 & s_3 & s_4 & s_4 & s_5 \\ s_2 & s_2 & s_3 & s_2 & s_3 \\ s_0 & s_2 & s_4 & s_3 & s_4 \\ s_1 & s_0 & s_3 & s_2 & s_3 \end{bmatrix}。$$

第 3 阶段下多属性决策矩阵如下：

$$X_3^1 = \begin{bmatrix} s_5 & s_6 & s_4 & s_4 \\ s_3 & s_4 & s_6 & s_5 \\ s_3 & s_4 & s_2 & s_2 \\ s_4 & s_4 & s_1 & s_3 \\ s_2 & s_4 & s_5 & s_3 \end{bmatrix}, \quad X_3^2 = \begin{bmatrix} s_6 & s_4 & s_4 & s_3 \\ s_4 & s_5 & s_3 & s_4 \\ s_3 & s_5 & s_4 & s_6 \\ s_5 & s_5 & s_2 & s_2 \\ s_1 & s_0 & s_6 & s_3 \end{bmatrix}, \quad X_3^3 = \begin{bmatrix} s_5 & s_5 & s_6 & s_4 \\ s_2 & s_5 & s_6 & s_2 \\ s_2 & s_4 & s_3 & s_3 \\ s_3 & s_4 & s_2 & s_5 \\ s_5 & s_2 & s_6 & s_3 \end{bmatrix},$$

$$X_3^4 = \begin{bmatrix} s_6 & s_4 & s_4 & s_6 \\ s_5 & s_6 & s_6 & s_4 \\ s_2 & s_4 & s_3 & s_5 \\ s_3 & s_3 & s_2 & s_3 \\ s_5 & s_5 & s_1 & s_3 \end{bmatrix}, \quad X_3^5 = \begin{bmatrix} s_5 & s_6 & s_5 & s_4 \\ s_5 & s_4 & s_6 & s_6 \\ s_2 & s_3 & s_3 & s_3 \\ s_5 & s_4 & s_4 & s_5 \\ s_2 & s_4 & s_2 & s_4 \end{bmatrix}, \quad X_3^6 = \begin{bmatrix} s_4 & s_5 & s_6 & s_3 \\ s_5 & s_4 & s_5 & s_4 \\ s_3 & s_5 & s_5 & s_5 \\ s_4 & s_3 & s_5 & s_2 \\ s_2 & s_2 & s_4 & s_3 \end{bmatrix},$$

$$X_3^7 = \begin{bmatrix} s_5 & s_6 & s_3 & s_5 \\ s_3 & s_4 & s_3 & s_5 \\ s_4 & s_3 & s_6 & s_5 \\ s_2 & s_4 & s_2 & s_2 \\ s_3 & s_2 & s_4 & s_3 \end{bmatrix}, \quad X_3^8 = \begin{bmatrix} s_3 & s_6 & s_3 & s_5 \\ s_4 & s_6 & s_4 & s_5 \\ s_5 & s_2 & s_2 & s_4 \\ s_4 & s_5 & s_4 & s_6 \\ s_5 & s_3 & s_3 & s_1 \end{bmatrix}, \quad X_3^9 = \begin{bmatrix} s_4 & s_5 & s_6 & s_3 \\ s_3 & s_6 & s_5 & s_5 \\ s_1 & s_4 & s_6 & s_0 \\ s_5 & s_3 & s_4 & s_3 \\ s_2 & s_5 & s_4 & s_2 \end{bmatrix},$$

$$X_3^{10} = \begin{bmatrix} s_5 & s_6 & s_4 & s_3 \\ s_2 & s_4 & s_6 & s_5 \\ s_3 & s_3 & s_4 & s_3 \\ s_2 & s_3 & s_4 & s_4 \\ s_3 & s_6 & s_2 & s_1 \end{bmatrix}, \quad X_3^{11} = \begin{bmatrix} s_6 & s_5 & s_4 & s_5 \\ s_2 & s_5 & s_4 & s_5 \\ s_3 & s_5 & s_4 & s_2 \\ s_4 & s_5 & s_2 & s_1 \\ s_0 & s_4 & s_4 & s_2 \end{bmatrix}, \quad X_3^{12} = \begin{bmatrix} s_5 & s_4 & s_4 & s_3 \\ s_2 & s_3 & s_6 & s_5 \\ s_4 & s_3 & s_6 & s_3 \\ s_2 & s_2 & s_3 & s_4 \\ s_3 & s_2 & s_3 & s_3 \end{bmatrix},$$

$$X_3^{13} = \begin{bmatrix} s_5 & s_6 & s_5 & s_5 \\ s_3 & s_5 & s_6 & s_2 \\ s_2 & s_4 & s_5 & s_4 \\ s_6 & s_3 & s_5 & s_5 \\ s_5 & s_0 & s_3 & s_4 \end{bmatrix}, \quad X_3^{14} = \begin{bmatrix} s_5 & s_5 & s_4 & s_6 \\ s_4 & s_5 & s_6 & s_3 \\ s_3 & s_2 & s_4 & s_3 \\ s_3 & s_4 & s_5 & s_2 \\ s_0 & s_4 & s_4 & s_5 \end{bmatrix}, \quad X_3^{15} = \begin{bmatrix} s_4 & s_6 & s_5 & s_5 \\ s_5 & s_2 & s_6 & s_4 \\ s_3 & s_6 & s_4 & s_5 \\ s_4 & s_4 & s_5 & s_2 \\ s_2 & s_2 & s_3 & s_5 \end{bmatrix}。$$

决策步骤如下：

步骤 1：依据 6.2 节的方法对各阶段下的大规模群体进行双重信息融合聚类，考虑到篇幅，仅给出第一阶段下的聚类具体步骤；

步骤 1.1：依据公式（6.1）计算偏好信息下两两专家间的相似关系 $\rho(k, l)$，构造偏好相似关系矩阵 Π_ρ 如下；依据公式（6.3）计算各属性信息下两两专家间的相似关系 $\mu_j(k, l)$，构造相似关系矩阵 Π_{μ_j} 如下（其中 $j = 1, 2, 3, 4$）（矩阵下三角数据略）：

$$\Pi_{\rho} = \begin{bmatrix}
1 & 0.983 & 0.867 & 0.912 & 0.919 & 0.849 & 0.883 & 0.921 & 0.922 & 0.903 & 0.946 & 0.93 & 0.936 & 0.954 & 0.886 \\
 & 1 & 0.827 & 0.904 & 0.903 & 0.809 & 0.853 & 0.896 & 0.888 & 0.885 & 0.916 & 0.928 & 0.926 & 0.829 & 0.875 \\
 & & 1 & 0.898 & 0.826 & 0.931 & 0.931 & 0.887 & 0.927 & 0.931 & 0.938 & 0.905 & 0.845 & 0.952 & 0.872 \\
 & & & 1 & 0.967 & 0.814 & 0.904 & 0.932 & 0.885 & 0.939 & 0.924 & 0.887 & 0.883 & 0.872 & 0.906 \\
 & & & & 1 & 0.809 & 0.903 & 0.883 & 0.907 & 0.891 & 0.871 & 0.864 & 0.917 & 0.859 & 0.838 \\
 & & & & & 1 & 0.87 & 0.841 & 0.952 & 0.939 & 0.905 & 0.843 & 0.869 & 0.931 & 0.808 \\
 & & & & & & 1 & 0.873 & 0.905 & 0.89 & 0.953 & 0.922 & 0.87 & 0.958 & 0.829 \\
 & & & & & & & 1 & 0.886 & 0.862 & 0.881 & 0.87 & 0.937 & 0.881 & 0.958 \\
 & & & & & & & & 1 & 0.908 & 0.93 & 0.871 & 0.9 & 0.906 & 0.832 \\
 & & & & & & & & & 1 & 0.896 & 0.916 & 0.863 & 0.923 & 0.855 \\
 & & & & & & & & & & 1 & 0.92 & 0.898 & 0.93 & 0.847 \\
 & & & & & & & & & & & 1 & 0.849 & 0.886 & 0.875 \\
 & & & & & & & & & & & & 1 & 0.879 & 0.868 \\
 & & & & & & & & & & & & & 1 & 0.856 \\
 & & & & & & & & & & & & & & 1
\end{bmatrix}$$

$$\Pi_{\mu_1} = \begin{bmatrix}
1 & 0.976 & 0.951 & 0.911 & 0.939 & 0.803 & 0.85 & 0.932 & 0.856 & 0.911 & 0.838 & 0.978 & 0.976 & 0.974 & 0.924 \\
 & 1 & 0.969 & 0.919 & 0.905 & 0.905 & 0.86 & 0.937 & 0.832 & 0.919 & 0.858 & 0.986 & 0.988 & 0.952 & 0.943 \\
 & & 1 & 0.92 & 0.891 & 0.902 & 0.889 & 0.99 & 0.885 & 0.92 & 0.921 & 0.951 & 0.977 & 0.942 & 0.973 \\
 & & & 1 & 0.961 & 0.807 & 0.989 & 0.929 & 0.935 & 1 & 0.863 & 0.86 & 0.887 & 0.945 & 0.869 \\
 & & & & 1 & 0.69 & 0.929 & 0.884 & 0.954 & 0.961 & 0.874 & 0.891 & 0.901 & 0.985 & 0.881 \\
 & & & & & 1 & 0.774 & 0.873 & 0.665 & 0.807 & 0.763 & 0.852 & 0.871 & 0.76 & 0.848 \\
 & & & & & & 1 & 0.911 & 0.938 & 0.989 & 0.853 & 0.79 & 0.827 & 0.901 & 0.83 \\
 & & & & & & & 1 & 0.894 & 0.925 & 0.902 & 0.907 & 0.943 & 0.923 & 0.942 \\
 & & & & & & & & 1 & 0.935 & 0.946 & 0.812 & 0.85 & 0.94 & 0.895 \\
 & & & & & & & & & 1 & 0.863 & 0.863 & 0.887 & 0.945 & 0.869 \\
 & & & & & & & & & & 1 & 0.857 & 0.895 & 0.911 & 0.968 \\
 & & & & & & & & & & & 1 & 0.995 & 0.952 & 0.952 \\
 & & & & & & & & & & & & 1 & 0.96 & 0.974 \\
 & & & & & & & & & & & & & 1 & 0.944 \\
 & & & & & & & & & & & & & & 1
\end{bmatrix}$$

$$\Pi_{\mu_2} = \begin{bmatrix}
1 & 0.934 & 0.856 & 0.967 & 0.863 & 0.941 & 0.973 & 0.926 & 0.928 & 0.9 & 0.93 & 0.972 & 0.989 & 0.869 & 0.846 \\
 & 1 & 0.897 & 0.904 & 0.972 & 0.996 & 0.977 & 0.847 & 0.988 & 0.994 & 0.918 & 0.952 & 0.924 & 0.956 & 0.95 \\
 & & 1 & 0.921 & 0.853 & 0.869 & 0.87 & 0.878 & 0.916 & 0.857 & 0.775 & 0.903 & 0.849 & 0.824 & 0.762 \\
 & & & 1 & 0.837 & 0.91 & 0.925 & 0.949 & 0.928 & 0.858 & 0.916 & 0.937 & 0.978 & 0.832 & 0.774 \\
 & & & & 1 & 0.964 & 0.948 & 0.83 & 0.977 & 0.976 & 0.889 & 0.91 & 0.869 & 0.994 & 0.983 \\
 & & & & & 1 & 0.972 & 0.84 & 0.987 & 0.991 & 0.951 & 0.937 & 0.941 & 0.949 & 0.945 \\
 & & & & & & 1 & 0.913 & 0.968 & 0.958 & 0.919 & 0.988 & 0.959 & 0.953 & 0.941 \\
 & & & & & & & 1 & 0.886 & 0.793 & 0.844 & 0.939 & 0.945 & 0.853 & 0.781 \\
 & & & & & & & & 1 & 0.977 & 0.938 & 0.943 & 0.928 & 0.965 & 0.938 \\
 & & & & & & & & & 1 & 0.91 & 0.919 & 0.892 & 0.957 & 0.964 \\
 & & & & & & & & & & 1 & 0.868 & 0.965 & 0.888 & 0.867 \\
 & & & & & & & & & & & 1 & 0.947 & 0.916 & 0.892 \\
 & & & & & & & & & & & & 1 & 0.876 & 0.841 \\
 & & & & & & & & & & & & & 1 & 0.987 \\
 & & & & & & & & & & & & & & 1
\end{bmatrix}$$

$$\Pi_{\mu_3} = \begin{bmatrix}
1 & 0.96 & 0.926 & 0.98 & 0.905 & 0.777 & 0.981 & 0.987 & 0.81 & 0.866 & 0.96 & 0.974 & 0.946 & 0.98 & 0.983 \\
 & 1 & 0.964 & 0.98 & 0.981 & 0.908 & 0.955 & 0.959 & 0.784 & 0.909 & 0.973 & 0.907 & 0.872 & 0.98 & 0.908 \\
 & & 1 & 0.957 & 0.982 & 0.881 & 0.958 & 0.965 & 0.863 & 0.853 & 0.991 & 0.876 & 0.846 & 0.957 & 0.888 \\
 & & & 1 & 0.95 & 0.875 & 0.974 & 0.981 & 0.865 & 0.937 & 0.97 & 0.97 & 0.94 & 1 & 0.96 \\
 & & & & 1 & 0.94 & 0.925 & 0.93 & 0.796 & 0.884 & 0.969 & 0.841 & 0.809 & 0.95 & 0.844 \\
 & & & & & 1 & 0.791 & 0.794 & 0.741 & 0.93 & 0.84 & 0.747 & 0.716 & 0.875 & 0.72 \\
 & & & & & & 1 & 0.995 & 0.878 & 0.85 & 0.982 & 0.955 & 0.9 & 0.974 & 0.964 \\
 & & & & & & & 1 & 0.869 & 0.854 & 0.986 & 0.96 & 0.926 & 0.981 & 0.972 \\
 & & & & & & & & 1 & 0.824 & 0.844 & 0.871 & 0.817 & 0.865 & 0.857 \\
 & & & & & & & & & 1 & 0.838 & 0.897 & 0.876 & 0.937 & 0.863 \\
 & & & & & & & & & & 1 & 0.905 & 0.867 & 0.967 & 0.92 \\
 & & & & & & & & & & & 1 & 0.975 & 0.967 & 0.995 \\
 & & & & & & & & & & & & 1 & 0.94 & 0.976 \\
 & & & & & & & & & & & & & 1 & 0.964 \\
 & & & & & & & & & & & & & & 1
\end{bmatrix}$$

$$\Pi_{\mu_4} = \begin{bmatrix}
1 & 0.905 & 0.946 & 0.921 & 0.864 & 0.954 & 0.949 & 0.938 & 0.98 & 0.894 & 0.849 & 0.978 & 0.97 & 0.993 & 0.964 \\
 & 1 & 0.818 & 0.995 & 0.996 & 0.882 & 0.888 & 0.964 & 0.845 & 0.943 & 0.815 & 0.932 & 0.829 & 0.91 & 0.904 \\
 & & 1 & 0.816 & 0.772 & 0.894 & 0.88 & 0.893 & 0.902 & 0.91 & 0.817 & 0.875 & 0.91 & 0.948 & 0.932 \\
 & & & 1 & 0.986 & 0.892 & 0.887 & 0.951 & 0.881 & 0.929 & 0.975 & 0.943 & 0.842 & 0.928 & 0.901 \\
 & & & & 1 & 0.853 & 0.861 & 0.95 & 0.798 & 0.929 & 0.799 & 0.902 & 0.781 & 0.87 & 0.875 \\
 & & & & & 1 & 0.973 & 0.949 & 0.927 & 0.836 & 0.928 & 0.946 & 0.916 & 0.934 & 0.987 \\
 & & & & & & 1 & 0.965 & 0.893 & 0.824 & 0.967 & 0.971 & 0.954 & 0.91 & 0.986 \\
 & & & & & & & 1 & 0.863 & 0.93 & 0.933 & 0.953 & 0.895 & 0.922 & 0.977 \\
 & & & & & & & & 1 & 0.826 & 0.761 & 0.943 & 0.94 & 0.981 & 0.911 \\
 & & & & & & & & & 1 & 0.757 & 0.86 & 0.8 & 0.919 & 0.883 \\
 & & & & & & & & & & 1 & 0.883 & 0.869 & 0.797 & 0.951 \\
 & & & & & & & & & & & 1 & 0.968 & 0.955 & 0.957 \\
 & & & & & & & & & & & & 1 & 0.938 & 0.937 \\
 & & & & & & & & & & & & & 1 & 0.942 \\
 & & & & & & & & & & & & & & 1
\end{bmatrix}$$

比较 Π_ρ 和 Π_{μ_j} 可知，虽然两者都是依据专家的评估信息得到的专家相似关系，但由于评估角度不同，专家的相似关系有一定的差异，专家聚类结果也存在冲突。属性权重未知更加剧了双重信息下的聚类冲突不确定程度。因此，设置合适的权重可以使得双重信息下的聚类结果冲突最小。

步骤 1.2：依据专家偏好信息下的专家相似矩阵 Π_ρ 确定阈值 θ，令 $\theta = 0.937$。可得先验类别偏好信息集 $\Omega = \Omega_1 \cup \Omega_2$，其中 $|\Omega| = 105$；

步骤 1.3：求解模型 M-6.2 得到 h 的取值范围为 $[0，0.07]$，决策者经商讨后依据此范围设定 $h = 0.05$；

步骤 1.4：设定部分权重信息为 $H = \{w_j | w_j \geqslant 0.01, j = 1 \sim 4\}$，求解模型 M-6.1 得到多属性决策矩阵的属性权重为 $w = [0.699，0.067，0.01，0.224]$，此属性权重可以使得双重信息下专家聚类结果冲突最小。依据公式（6.2）可求得多属性决策矩阵下的专家相似关系 $\mu(k，l)$；

步骤 1.5：不失一般性，设定决策依据信息的信任程度 $\eta = 0.5$，依据公式（6.10）求得综合相似关系 π，并构造综合相似关系矩阵 $\Pi = (\pi_{kl})_{s \times s}$ 如下：

$$\Pi = \begin{bmatrix} 1 & 0.963 & 0.875 & 0.915 & 0.899 & 0.874 & 0.883 & 0.928 & 0.913 & 0.902 & 0.897 & 0.957 & 0.956 & 0.913 & 0.907 \\ & 1 & 0.859 & 0.912 & 0.917 & 0.858 & 0.864 & 0.917 & 0.867 & 0.907 & 0.884 & 0.95 & 0.936 & 0.886 & 0.905 \\ & & 1 & 0.898 & 0.845 & 0.904 & 0.907 & 0.923 & 0.916 & 0.899 & 0.913 & 0.918 & 0.898 & 0.944 & 0.91 \\ & & & 1 & 0.963 & 0.852 & 0.933 & 0.932 & 0.9 & 0.957 & 0.888 & 0.887 & 0.883 & 0.903 & 0.888 \\ & & & & 1 & 0.863 & 0.909 & 0.889 & 0.914 & 0.923 & 0.866 & 0.879 & 0.894 & 0.908 & 0.862 \\ & & & & & 1 & 0.851 & 0.842 & 0.849 & 0.945 & 0.859 & 0.861 & 0.876 & 0.872 & 0.846 \\ & & & & & & 1 & 0.901 & 0.918 & 0.916 & 0.919 & 0.884 & 0.868 & 0.932 & 0.852 \\ & & & & & & & 1 & 0.885 & 0.844 & 0.893 & 0.895 & 0.934 & 0.9 & 0.949 \\ & & & & & & & & 1 & 0.91 & 0.916 & 0.861 & 0.912 & 0.928 & 0.876 \\ & & & & & & & & & 1 & 0.869 & 0.892 & 0.864 & 0.931 & 0.867 \\ & & & & & & & & & & 1 & 0.897 & 0.896 & 0.907 & 0.902 \\ & & & & & & & & & & & 1 & 0.917 & 0.918 & 0.912 \\ & & & & & & & & & & & & 1 & 0.914 & 0.912 \\ & & & & & & & & & & & & & 1 & 0.901 \\ & & & & & & & & & & & & & & 1 \end{bmatrix}$$

步骤 1.6：依据综合相似矩阵 Π ，构造以 θ 为阈值的截矩阵并根据编网聚类的步骤[187]，得到聚类结果为 $\{D_1, D_2, D_3, D_{12}, D_{13}, D_{14}\}$ ，$\{D_4, D_5, D_6, D_{10}\}$ ，$\{D_8, D_{15}\}$ ，$\{D_7\}$ ，$\{D_9\}$ ，$\{D_{11}\}$ 。该结果综合了专家偏好信息和决策依据信息两类信息下的聚类结果，通过优化的方法使双重信息间的聚类差异最小，最终结果涵盖了两类信息下的专家类别。

若仅仅依据专家偏好信息进行编网聚类，则由相似关系矩阵 Π_ρ 可以得到聚类结果为 $\{D_1, D_2, D_3, D_7, D_{11}, D_{12}, D_{14}\}$ ，$\{D_8, D_{13}, D_{15}\}$ ，$\{D_4, D_5, D_6, D_9, D_{10}\}$ ；若仅依据本书设置的权重信息得到的多属性决策矩阵信息进行聚类分析，则由相似关系矩阵 Π_μ 可得聚类结果为 $\{D_1, D_2, D_3, D_8, D_{12}, D_{13}, D_{14}, D_{15}\}$ ，$\{D_4, D_5, D_6, D_7, D_{10}\}$ ，$\{D_9\}$ ，$\{D_{11}\}$ 。明显可以看出，两者之间虽有一定差异，但仍具有较高的融合性和重合度。两者间的差异主要是由环境的不确定性、信息充分性、专家专业知识和经验等外在因素影响的，是不确定条件下决策问题的必然特征。若随机设置权重信息，例如 $w = \{0.25, 0.25, 0.25, 0.25\}$ ，则按照编网聚类方法[187]对群体进行聚类，结果为 $\{D_1, D_2, D_4, D_5, D_7, D_8, D_{10}, D_{12}, D_{13}, D_{14}, D_{15}\}$ ，$\{D_3\}$ ，$\{D_6\}$ ，$\{D_9\}$ ，$\{D_{11}\}$ 。此聚类结果相比于本书方法与专家偏好信息下的聚类结果差异较大，进一步验证了本书中属性权重设置方法的有效性。综上所述，单一使用一种信息下的聚类结果是不合理的，需要综合考虑两类信息下的专家相似关系，才能保证聚类结果的协调一致。

　　类似的，可以求得第 2 阶段下的专家聚类结果为 $\{D_1，D_2，D_{12}$，$D_{13}，D_{14}，D_{15}\}$，$\{D_3，D_6，D_7，D_8\}$，$\{D_4，D_5\}$，$\{D_9\}$，$\{D_{10}\}$，$\{D_{11}\}$；第 3 阶段下的专家聚类结果为 $\{D_1，D_2，D_{12}，D_{13}\}$，$\{D_3，D_8$，$D_{14}，D_{15}\}$，$\{D_6，D_{10}\}$，$\{D_4，D_5\}$，$\{D_7\}$，$\{D_9\}$，$\{D_{11}\}$。

　　步骤 2：依据 6.3.1 节的方法获得各阶段类内专家权重（公式 6.12），并对类内的专家意见进行集结（公式 6.14-6.15），给出第 1 阶段具体步骤如下：

　　以第 1 阶段数据为例，依据（公式 6.11）求得各专家的双重信息融合度为 $\phi^1 = 0.843$，$\phi^2 = 0.792$，$\phi^3 = 0.739$，$\phi^4 = 0.75$，$\phi^5 = 0.8$，$\phi^6 = 0.783$，$\phi^7 = 0.795$，$\phi^8 = 0.858$，$\phi^9 = 0.73$，$\phi^{10} = 0.839$，$\phi^{11} = 0.663$，$\phi^{12} = 0.798$，$\phi^{13} = 0.8$，$\phi^{14} = 0.82$，$\phi^{15} = 0.83$。

　　由第 1 阶段的聚类结果，依据（公式 6.12）可得各个类内权重为 $\omega^1 = (0.176，0.165，0.154，0.167，0.167，0.171)$，$\omega^2 = (0.236，0.252，0.247，0.265)$，$\omega^3 = (0.508，0.492)$，$\omega^4 = (1)$，$\omega^5 = (1)$，$\omega^6 = (1)$。

　　依据（公式 6.14-6.15）对类内专家意见进行集结，可得集结后的类群体意见为：

$$R^1 = \begin{bmatrix} (s_3,0) & (s_4,-0.48) & (s_4,-0.33) & (s_5,-0.16) & (s_4,0.02) \\ (s_2,0.48) & (s_3,0) & (s_4,0.03) & (s_4,-0.18) & (s_4,-0.35) \\ (s_2,0.33) & (s_2,-0.03) & (s_3,0) & (s_4,0.31) & (s_5,-0.49) \\ (s_1,0.16) & (s_2,0.18) & (s_2,-0.31) & (s_3,0) & (s_4,-0.32) \\ (s_2,-0.02) & (s_2,0.35) & (s_1,0.49) & (s_2,0.32) & (s_3,0) \end{bmatrix},$$

$$\widetilde{R^1} = \begin{bmatrix} (s_3,0) & (s_4,-0.06) & (s_4,0.01) & (s_4,0.28) & (s_4,0.07) \\ (s_2,0.06) & (s_3,0) & (s_3,0.08) & (s_3,0.34) & (s_3,0.13) \\ (s_2,-0.01) & (s_3,-0.08) & (s_3,0) & (s_3,0.27) & (s_3,-0.06) \\ (s_2,-0.28) & (s_3,-0.34) & (s_3,-0.27) & (s_3,0) & (s_3,-0.21) \\ (s_2,-0.07) & (s_3,-0.13) & (s_3,-0.06) & (s_3,0.21) & (s_3,0) \end{bmatrix},$$

$$R^2 = \begin{bmatrix} (s_3,0) & (s_3,0.18) & (s_3,-0.01) & (s_5,-0.24) & (s_4,0.27) \\ (s_3,-0.18) & (s_3,0) & (s_3,-0.02) & (s_5,-0.28) & (s_3,0.49) \\ (s_3,0.01) & (s_3,0.02) & (s_3,0) & (s_4,0.47) & (s_3,0.5) \\ (s_1,0.24) & (s_1,0.28) & (s_2,-0.47) & (s_3,0) & (s_4,-0.2) \\ (s_2,-0.27) & (s_3,-0.49) & (s_3,-0.5) & (s_2,0.2) & (s_3,0) \end{bmatrix},$$

$$\widetilde{R^2} = \begin{bmatrix} (s_3,0) & (s_3,-0.09) & (s_3,0.2) & (s_4,-0.45) & (s_4,-0.26) \\ (s_3,0.09) & (s_3,0) & (s_3,0.3) & (s_4,-0.36) & (s_4,-0.17) \\ (s_3,-0.2) & (s_3,-0.3) & (s_3,0) & (s_3,0.34) & (s_4,-0.47) \\ (s_2,0.45) & (s_2,0.36) & (s_3,-0.34) & (s_3,0) & (s_3,0.19) \\ (s_2,0.26) & (s_2,0.17) & (s_2,0.47) & (s_3,-0.19) & (s_3,0) \end{bmatrix},$$

$$R^3 = \begin{bmatrix} (s_3,0) & (s_4,0) & (s_6,-0.51) & (s_5,-0.49) & (s_3,-0.49) \\ (s_2,0) & (s_3,0) & (s_5,-0.49) & (s_5,0.02) & (s_3,0.02) \\ (s_0,0.51) & (s_1,0.49) & (s_3,0) & (s_2,0) & (s_3,-0.49) \\ (s_1,0.49) & (s_1,-0.02) & (s_4,0) & (s_3,0) & (s_2,-0.49) \\ (s_3,0.49) & (s_3,-0.02) & (s_3,0.49) & (s_4,0.49) & (s_3,0) \end{bmatrix},$$

$$\widetilde{R^3} = \begin{bmatrix} (s_3,0) & (s_4,0.02) & (s_4,0.38) & (s_4,0.05) & (s_4,-0.38) \\ (s_2,-0.02) & (s_3,0) & (s_3,0.36) & (s_3,0.03) & (s_3,-0.4) \\ (s_2,-0.38) & (s_3,-0.36) & (s_3,0) & (s_3,-0.33) & (s_2,0.24) \\ (s_2,-0.05) & (s_3,-0.03) & (s_3,0.33) & (s_3,0) & (s_3,-0.42) \\ (s_2,0.38) & (s_3,0.4) & (s_4,-0.24) & (s_3,0.42) & (s_3,0) \end{bmatrix}.$$

步骤3：依据6.3.2节的方法获得各阶段类间权重（公式6.16），并对各阶段类间信息进行集结得到各阶段群综合偏好信息（公式6.19），具体如下：

以第1阶段数据为例，依据模型M-6.3，设定目标权重 $\xi = 0.5$，求解模型M-6.4，可得 $\omega_o = (\omega_o^1, \omega_o^2, \cdots, \omega_o^Q) = (0.195, 0.13, 0.203, 0.11, 0.141, 0.221)$。依据（公式6.16），设定 $\sigma = 0.3$，得类间权重为 $\omega'_o = (\omega_o^{1'}, \omega_o^{2'}, \cdots, \omega_o^{Q'}) = (0.338, 0.226, 0.154, 0.08, 0.089, 0.113)$。依据类间权重和（公式6.19）对类间信息进行集结可得第1阶段群综合偏好信息为：

$$\overline{R}_1 = \begin{bmatrix} (s_3,0) & (s_4,-0.44) & (s_4,-0.26) & (s_4,0.18) & (s_4,-0.01) \\ (s_2,0.44) & (s_3,0) & (s_3,0.49) & (s_4,-0.3) & (s_4,-0.49) \\ (s_2,0.26) & (s_3,-0.49) & (s_3,0) & (s_4,-0.44) & (s_3,0.48) \\ (s_2,-0.18) & (s_2,0.3) & (s_2,0.44) & (s_3,0) & (s_3,0.16) \\ (s_2,0.01) & (s_2,0.49) & (s_3,-0.48) & (s_3,-0.16) & (s_3,0) \end{bmatrix}$$

同理,可得第 2 阶段和第 3 阶段的群综合偏好信息为:

$$\overline{R}_2 = \begin{bmatrix} (s_3,0) & (s_4,-0.34) & (s_4,-0.43) & (s_5,-0.48) & (s_3,0.12) \\ (s_2,0.34) & (s_3,0) & (s_4,-0.41) & (s_4,0.09) & (s_4,-0.33) \\ (s_2,0.43) & (s_2,0.41) & (s_3,0) & (s_4,0.05) & (s_4,-0.18) \\ (s_1,0.48) & (s_2,-0.09) & (s_2,-0.05) & (s_3,0) & (s_3,0.05) \\ (s_3,-0.12) & (s_2,0.33) & (s_2,0.18) & (s_3,-0.05) & (s_3,0) \end{bmatrix},$$

$$\overline{R}_3 = \begin{bmatrix} (s_3,0) & (s_4,-0.15) & (s_4,-0.45) & (s_4,-0.27) & (s_4,-0.17) \\ (s_2,0.15) & (s_3,0) & (s_3,0.36) & (s_3,0.2) & (s_3,0.29) \\ (s_2,0.45) & (s_3,-0.36) & (s_3,0) & (s_3,-0.1) & (s_3,0.02) \\ (s_2,0.27) & (s_3,-0.2) & (s_3,0.1) & (s_3,0) & (s_3,0.17) \\ (s_2,0.17) & (s_3,-0.29) & (s_3,-0.02) & (s_3,-0.17) & (s_3,0) \end{bmatrix}。$$

步骤 4:计算各阶段的双重信息融合度为 $\phi_1 = 0.782$,$\phi_2 = 0.812$,$\phi_3 = 0.82$。依据公式(6.21)可得阶段权重为 $\lambda = (0.324, 0.336, 0.34)$。依据公式(6.22)对各阶段群综合偏好信息进行集结得动态综合群偏好信息为:

$$\overline{\overline{R}} = \begin{bmatrix} (s_3,0) & (s_4,-0.31) & (s_4,-0.38) & (s_4,0.14) & (s_4,-0.36) \\ (s_2,0.31) & (s_3,0) & (s_3,0.48) & (s_4,-0.34) & (s_3,0.49) \\ (s_2,0.38) & (s_3,-0.48) & (s_3,0) & (s_3,0.5) & (s_3,0.44) \\ (s_2,-0.14) & (s_2,0.34) & (s_3,-0.5) & (s_3,0) & (s_3,0.12) \\ (s_2,0.36) & (s_3,-0.49) & (s_3,-0.44) & (s_3,-0.12) & (s_3,0) \end{bmatrix}$$

步骤 5:依据动态群综合偏好信息 $\overline{\overline{R}}$ 得到方案排序,具体如下:方法参见 4.3.3 节中公式(4.5)。

$$\overline{\overline{R_i}} = \begin{bmatrix} (s_4, & -0.38) \\ (s_3, & 0.19) \\ (s_3, & -0.04) \\ (s_3, & -0.44) \\ (s_3, & -0.34) \end{bmatrix}, \text{依据} \overline{\overline{R_i}} \text{得到排序结果为} a_1 \succ a_2 \succ a_3 \succ a_5 \succ a_4。$$

第六节　本章小结

在重大复杂项目的决策过程中，决策者会面临大量的多源异构决策信息，尤其是当专家数目较多时，信息将呈倍数增长。群体聚类方法将相似专家合并成若干类以精简决策相似信息，大大提高了决策效率。群体聚类涉及的多源异构信息主要分为专家偏好信息和决策依据信息。通过专家偏好信息得到的群体先验分类信息与决策依据信息下的分类结果往往存在冲突和矛盾，需要进行融合处理。大规模群体语言信息的多阶段集结与聚类特征、专家多源异构信息的可靠性等有较紧密的联系。因此，研究大规模群体双重信息融合聚类方法及多阶段集结问题具有较大的实际意义和理论价值。本章依据专家偏好信息抽取先验群体分类偏好信息，保证了先验信息的可信度和客观性；剖析比较双重信息下的聚类冲突结果，构建聚类结果一致性测度和非一致性测度指标，以此为基础构建规划模型，获取合理属性权重以协调双重信息下聚类冲突；以综合相似关系表征双重信息下的专家相似关系，并进行编网聚类分析。在群体聚类的基础上，定义双重信息融合度以反映专家判断能力及信息的可靠性，以此为基础提出类内专家权重设置方法；以类间群体意见的共识度和总体双重信息融合度最大化为目标，构建规划模型以获得初始类间权重，并结合类内群体数目所占比例，提出修正后的类间权重设置方法；依据各阶段的群体双重信息融合度设置阶段权重，并对各阶段群体信息进行集结，并给出方案排序方法。

第七章

长三角地区社会信用体系建设绩效的多阶段语言信息评价研究

　　信用是市场经济健康、快速发展的重要保障，对降低交易成本、提升市场运营效率、营造和谐共赢市场环境起着至关重要的作用。作为一种广泛的社会机制，社会信用体系主要作用于国家或地方的市场规范，力图营造一个互信互惠的市场环境，打造一种以信用交易为主题的市场运营模式。然而，我国大多省市市场经济的信用状况不容乐观，极大地影响和制约区域经济健康、有序地发展，甚至导致许多企业陷入信任危机，濒临破产。在这样的环境下，全国主要省份都在积极建设社会信用体系。经过若干年的努力，社会信用体系建设已初具规模，长三角主要省市的建设效果尤其引人关注。因此，需要对长三角地区主要省市（上海市、江苏省、浙江省）社会信用体系建设绩效进行全面、科学地评估，总结工作，吸取经验，相互学习，弥补不足。由于社会信用体系建设历经较长时间，本部分采用多阶段决策的方法，对上述三省市的建设绩效进行评价。具体而言，在分析国内外关于社会信用体系研究现状的基础上，分析我国社会信用体系的框架及基本要素，为后续设计评价指标体系和有针对性地搜集绩效数据指明方向。广泛搜集资料，分析长三角主要省市社会信用体系建设现状，掌握第一手数据资料。设计社会信用体系建设评价指标体系，分别在决策依据信息和双重信息两种信息依据下评估长三角主要省市在"十二五"期间社会信用体系建设绩效，总结经验，分析不足。

第一节　社会信用体系建设及研究意义

　　在当今全球经济一体化的背景下，政府信用、企业信用以及个人信用已成为我国企业参与国际市场的重要战略资源，直接关系着国家形象、经济贸易磋商以及国际交流合作等各项活动。在我国社会主义市场经济建设与完善的过程中，各类信用缺失行为直接影响到市场经济的正常交易秩序和可持续发展，甚至直接引发严重的社会信用危机。各行各业表现出来的信用缺失行为主要包含商业欺诈、偷税漏税、拖欠贷款、逃避债务、制假售假、学术不端、不依法执政等不良行为。这些失信行为严重破坏了和谐的市场环境和良好的社会秩序，增加了市场交易成本和交易风险，降低了市场经济的运行效率，社会信用体系的建设和完善势在必行。

目前，我国社会信用体系还处于奠定基础、不断完善的建设过程。相对于发达国家成熟完善的社会信用体系来说，我国社会信用体系的建设尚存在一定不足，主要表现在现有法律法规有待完善、信用标准规范模糊①、失信惩罚机制薄弱②、社会信用意识不强、征信服务行业有待发展③等方面。因此，开展社会信用体系绩效评估研究有利于了解现有社会信用体系的实施效果，梳理现有社会信用体系的优势和劣势，总结经验，为下一阶段构建社会信用体系提供指导性建议和对策。

由于长三角地区是我国经济活动最活跃、发展潜力最大、居民信用意识最高的区域之一，本章选取"十二五"期间长三角地区的上海市、江苏省和浙江省社会信用体系为研究对象，对其建设绩效开展多阶段评估工作。具体来说，本章研究具有以下四点重要意义。

（1）社会信用体系建设绩效评估是社会信用体系理论研究的重要补充。经过多年的研究和探讨，现有关于社会信用体系的内涵、构成、框架以及建设路径等研究成果已经初见成效，然而对于如何评价社会信用体系建设绩效，尤其是多阶段双重语言信息下的绩效评估研究成果略有不足。因此研究多阶段双重语言信息下的社会信用体系建设绩效评估具有重大的理论意义。

（2）社会信用体系建设绩效评估研究有利于展现现有各项信用体系政策的执行效果、有利于剖析信用服务行业的发展状况、有利于提高信用文化建设意识，为今后社会信用体系的完善搭建坚实的平台。社会信用体

---

① 赵燕：《我国社会信用体系建设中的难点及对策》，《产业与科技论坛》2007年第12期。

② 周漩、张凤鸣、惠晓滨、李克武：《基于信息熵的专家聚类赋权方法》，《控制与决策》2011年第1期。

③ 朱建军、刘小弟、刘思峰：《基于政府作用视角的社会信用体系建设研究——以江苏省为例》，《征信》2013年第2期。

系是社会主义市场经济体制和社会管理体制的重要制度安排，因此评价社会信用体系建设绩效对于完善社会主义市场经济体制和构建和谐社会具有重要的意义。

（3）以长三角区域为对象进行社会信用体系建设绩效评估，有利于深入了解长三角区域信用体系建设的现状和成果，为其他地区构建区域一体化社会信用体系提供建议。上海、江苏和浙江三省市在社会信用体系建设历程中走在前列，积累了大量的研究成果和丰富的实际经验。三个省市由于经济环境、社会环境等方面的差异使得社会信用体系构建的进度、节奏以及效果体现均有不同。综合考虑专家整体评价意见和各属性下的细化表现能够全面反映社会信用体系建设工作的实施效果。

（4）以"十二五"期间为时间跨度研究长三角区域的社会信用体系建设绩效，能够动态测度三省市的社会信用体系建设效果，为下一个五年规划大纲的制定明确目标，指引方向。"十二五"期间，社会信用体系建设进入逐步完善的重要时期。对社会信用体系建设绩效的动态评估，有利于剖析各阶段建设的特征以及对整体规划目标实现的影响。

第二节 我国社会信用体系的框架及基本要素

社会信用体系是一个复杂的系统工程，需要结合各类与信用相关的社会力量和制度，相互协调，相互融合，发挥其巨大的社会效应和经济效应，促进市场经济和社会秩序的有效运行。我国社会信用体系的建立还处于奠定基础、逐步完善的阶段。国务院各部门以及各省市政府机构纷纷出台了各项法律法规对信用体系的构建、监管、服务等活动进行有效的管理，并逐步在全社会形成了诚实守信的社会信用文化氛围。总体来说，一个完善健全的社会信用体系框架主要由以下五个要素组成，确定其框架和组成要素可以为设计评估指标体系和有针对性地搜集评估数据等工作打下扎实的基础。

（1）完善的信用法律法规体系

一般而言，信用的具体含义存在广义层面和狭义层面的理解，分析范围的差异直接导致信用含义略有不同。广义层面的信用是指参与市场经济活动和社会活动的主体当事人通过相互联系建立起来的，以彼此诚实守信为基础形成互信合作和履行合约的能力。现代市场经济体系中的狭义信用指的是受信者向授信方在特定时间内所做的付款或还款承诺的兑现能力（也包括对各类经济合同的履约能力）①。建立广义上的信用，即在全社会形成良好的诚实守信的交易原则是健全的社会信用体系的基础和必要条件。然而仅依靠道德规范来约束或促使经济主体达成"诚实守信"行为，则无法保障社会信用体系的有效运行。只有针对市场经济主体的信用关系建立完备的法律、法规、准则、制度以及其他有效的指导性意见或办法，才能共同有机地促进社会信用体系的运行，保障有效的市场机制和社会秩序的健康发展。

为了加快构建我国社会信用体系，形成良好的信用意识和理念，我国各级政府部门纷纷出台了一些法律法规，但至今还没有形成全国统一独立专有的信用体系的法律规范。目前关于信用的法律法规都是从具体的经济行为入手，结合各部门和行业的特点，构建了适用具体行业和部门的相关法律法规政策。例如，《中华人民共和国证券法》《中国人民银行征信管理条例》《中华人民共和国担保法》《中华人民共和国政府信息公开条例》《反不正当竞争法》《企业债券管理条例》等法律中都有诚实守信的法律原则，但都不能涵盖信用体系的全部内容，也不足以对社会经济活动中的各种失信行为构成强有力的约束效力。因此，还需继续完善现有信用相关法律并建立真正的统一完善健全的信用法律体系。总的来说，信用法律规范体系主要包含以下三个方面的内容：一是针对信用交易和信用秩序方面的法律法规，目的主要是注重市场交易活动中的平等授信和合理授信；二是针对信用征集、公开以及管理方面的立法，目的主要是规范信用信息管理行为以及保护个人隐私等方面；三是关于信用服务行业管理的相关法律法规，主要针对征信行业管理以及征信从业人员的行为等方面进行管理和约束。综合以上方面建立健全社会信用体系法律法规是社会信用体系逐步完善的重要保证。

（2）成熟的征信服务行业

成熟的征信服务行业是社会信用体系的重要组成，是决定社会信用体系绩效成果的重要体现。征信服务行业主要由从事信用登记、信用评级、信用担保、信用咨询等信用相关活动的企业机构组成。根据征信机构的性

---

① 国务院发展研究中心市场经济研究所"建立我国社会信用体系的政策研究"课题组：《加快建立我国社会信用管理体系的政策建议》，《经济研究参考》2002 年第 17 期。

质，目前开展征信工作和活动的机构主要包括针对经济活动的市场征信机构、针对社会活动的公共征信机构和面向团体的协会征信机构。其中，市场征信机构是以盈利为目的，依据市场机制运行和经营的企业；公共征信机构是由政府或中央银行牵头建立，主要服务于政府部门或其他公共机构的非营利组织；协会征信机构是通过行业协会建立，并独立管理和经营各项信用征集及服务活动，主要面向行业协会会员进行服务的组织。我国现有征信服务体系是公共征信和市场征信并存的模式。1997年建立的银行信贷登记咨询系统是公共征信的典型代表，现已发展为包括企业和个人两大信用信息数据库，主要为银行、信贷公司等金融机构提供借款主体的信誉情况和资信证明，并以第三方的身份对上述两方之间的信贷活动和行为进行实时监控。除此之外，我国市场经济体系中还存在大量的民营征信机构，最早可追溯到20世纪九十年代初。总的来说，我国征信行业形成的时间较短，发展较慢，缺乏规范管理，在征信市场活动中时有信用信息征集不规范、非法买卖个人信息、征信机构恶性竞争等现象出现，严重影响了我国征信行业的健康发展。2013年3月15日实施的《征信业管理条例》是我国第一部针对征信行业的相关活动进行规范的法规，主要针对征信机构、征信业务规则、征信监管体制、征信信息主体权益、金融信用信息数据库以及相关的法律责任等内容进行了规范和限定。《征信业管理条例》的出台有利于规范征信行业的各项业务活动，促使征信机构提供良好的征信服务，形成信用激励约束机制，在全社会形成诚实守信的信用意识和氛围，为加快建设社会信用体系奠定法制基础。

我国征信行业还处于起步阶段，征信机构数量少，规模小，发展缓慢，需要借鉴国外征信机构的模式和发展经验，建立适应我国市场经济发展要求的征信服务行业。加快发展我国征信服务行业需要注意以下三个方面：①大力推进和逐步健全我国征信服务行业机构，批准建立包括信用登记、信用评级、信用担保、信用咨询等内容的征信服务机构，涵盖征信活动的各个内容。②加大对征信机构的监管，设立国务院征信业监督管理部门来履行对征信行业的监管责任，对征信业和信用信息系统进行检查和监督，保障征信行业的健康发展。③成立征信行业协会，制定行业发展计划和各项规章制度，进行行业自律和行业内监督，促进行业协会的规范化运作和行业的全面发展。

（3）社会信用信息数据平台

信用信息是否能够依法公开获取、是否具有高效的流动性以及是否具备有效的传播媒介是衡量信用体系实施效果的一个重要指标。市场经济建设过程中出现的许多失信行为都跟信息获取不畅和信用主体之间的信息不对称有密切关联。因此，构建一个公开有效的社会信用信息数据平台，利用现代网络技术手段，将市场经济中的各类信用信息进行资源整合，实现政府、企业和个人的信用信息网络有效互通，是保证信用体系高效运行的重要支撑。

社会信用信息数据平台的搭建要集合政府、企业和个人三类主体的信用数据库信息。政府信息数据库的服务对象主要是各级政府机构，以局域网为平台推行电子政务工作，并依此为基础实现各级政府预算公开、政务信息披露等活动。企业信息数据库主要包括企业基本数据和企业信用数据两大方面。基本数据的征集主要依靠政府部门的行政命令强制企业在既定时间内，按照要求规范上报企业基本信息；企业信用数据的征集主要来源于人民银行的信贷登记系统和征信服务行业的信用征集活动。两类数据互为补充，相互整合，共同构成企业信息数据库的主要内容。个人信用信息数据库是由中国人民银行组织商业银行建立的一个信息共享平台，主要搜集包括身份识别信息、贷款信息以及信用卡信息三类信息，只能面向本人和相关银行查询，不对社会外部开放。搭建社会信用信息数据平台还要加大在数据库存储和计算机网络传输等技术层面的创新和管理，保证信息系统的安全性和可靠性，保证各类信用信息数据依法有效使用，防止由于病毒感染、木马侵入造成的信息泄露。

（4）失信惩戒机制

失信惩戒机制是由所有授信和受信组织参与的，以社会信用数据库为依托，综合运用各种行政、法律、经济和社会手段，对失信者的失信行为进行惩罚和约束，对守信者的信用行为进行鼓励和支持的一种社会制度，是社会信用体系框架中的重要组成部分。目前我国市场经济活动中出现的越来越多的失信行为，正是失信惩戒机制不完善的重要表现。在构建社会信用体系的过程中，我国还未有一套完善成熟的失信惩戒机制来对失信者的行为进行约束和惩罚，导致市场经济交易成本大大增加，市场信用秩序紊乱，严重影响了市场经济活动的效率。

综合国外成熟的信用体系经验和我国的实际国情分析来看，失信惩戒机制的框架主要由组织机构、征信数据库、信息传导系统、惩戒手段和申诉复议机制五个基本要素组成①，如图 7.1 所示。

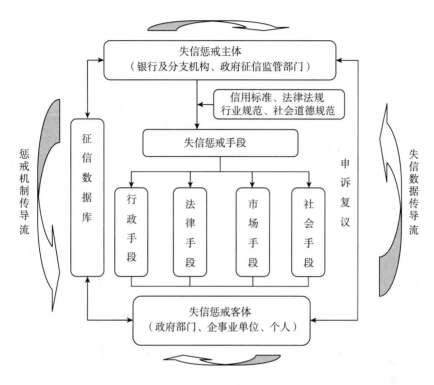

图 7.1　失信惩戒机制框架图

失信惩戒机制的组织机构主要由主体和客体两部分组成。失信惩戒机制的主体是银行及分支机构和政府征信监管部门，客体是各级政府部门、企事业单位和个人。征信数据库是失信惩戒机制的数据平台，也是失信惩戒机制运行的一个重要支撑。信息传导系统是由失信数据传导流和惩戒机制传导流构成的纵向流，以及主客体之间横向流动的信息流构成的纵横交错的信息循环网络。惩戒手段根据性质的不同，可以分为行政手段、法律手段、市场手段和社会手段四种类型。失信惩戒机制还应包括客体对其信用报告以及惩戒结果有异议时的申诉程序和主体的复议程序。上述五个基本要素不是独立存在的，而是有机结合发挥对失信行为的约束和惩戒以及守信者的鼓励和支持作用，相互联系、相互补充，构成社会信用体系中的

---

① 林英杰：《我国征信体系中失信惩戒机制研究》，硕士学位论文，湖南大学，2009 年。

失信惩戒机制。

（5）全民诚信意识和信用理念

社会建立起诚实守信的交易原则，树立全民诚信意识和信用理念，是构建社会信用体系的重要基础。诚实守信是市场经济活动中的基本的道德规范和经济伦理，市场经济实质上是以契约为基础的信用经济，它要求经济主体遵守规则，诚实守信。市场经济中存在各种运行规则以保证市场活动的有效运作，然而若仅靠规则（包括法律法规）来约束市场行为，而没有广泛的诚信意识和有效的道德支撑和约束，则会大大增加市场交易成本，降低市场运行效率，甚至引起市场秩序混乱的后果①。因此，针对当前市场经济主体信用观念淡薄，失信违约行为不断等现象，应加大信用知识教育，重建公民诚信意识，明确信用基本道德底线，在全社会建立起健康正确的诚信观。

重建全民诚信意识，首先要深化对信用含义的认识，明确诚信不仅是社会基本道德，更是参与市场经济活动的基本原则。其次要加大对信用理念及精神的宣传力度，积极开展各项信用专栏活动，筹措各类诚信创建活动，使得信用理念和行为示范深入企业和个人经济活动中。除此之外，树立全社会诚实守信的理念，还要大力加强信用体系的理论研究和人才培养工作。社会信用体系的建设是一项庞大的系统工程，涉及多领域和多学科的交叉融合研究。面临我国社会信用体系创建过程中的问题和困境，高校和科研院所要积极开展信用体系的课题申报及研究，并且与征信行业和授信机构形成良好的互动机制，积极探索市场经济主体的信用活动及行为特征，为构建市场经济信用文化提供理论指导。高等院校在专业设置和课程体系设计中，要加大信用文化、信用管理、信用评级等专业或课程的设置力度，开发各种形式多样的教育方式，如短期培训、学术研讨等，积极培养各类适应市场需求的信用评估和管理人才。

综上所述，社会信用体系总体框架如图7.2所示。社会信用体系的基本要素之间紧密联系。信用法律法规体系涉及信用体系的方方面面，是信用体系的重要保障；征信服务行业从事所有信用相关活动，是信用体系的主要形式；信用信息数据平台集合了所有信用信息，是信用体系的重要支撑；失信惩戒机制保障了信用体系的高效运行；全民信用意识和理念是信

---

① 谢科进：《现代企业信用与企业信用体系建设》，《管理世界》2002年第11期。

用体系的重要基础和重要目标。各要素相互促进、相互补充，共同促进社
会信用体系的高效运行。

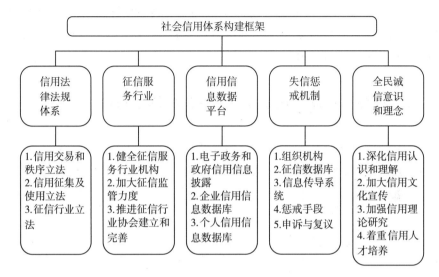

图 7.2　社会信用体系构建框架图

第三节　社会信用体系建设绩效评估指标体系设计

一　社会信用体系建设绩效评估指标体系设计的原则

社会信用体系的建设是一个漫长而逐步发展的过程，在各阶段呈现不
同的发展特征。社会信用体系建设成果的多阶段评估有利于展现各阶段信
用体系建设的成效，剖析信用体系主要因素的动态特征，为下一阶段信用
体系建设目标和计划的制定奠定基础。

构建社会信用体系建设绩效评估指标体系要遵循以下原则：

（1）系统性：指标体系的设计应该能够从不同侧面反映社会信用体
系的各个子系统和基本要素的特征，且具有层次性，由上至下，由宏观到
微观，逐步反映社会信用体系的建设绩效。

（2）科学性：指标体系的设计应该能够客观真实地反映信用体系建
设的实施效果。指标体系数量既不能过大，层次过多，致使指标相互重
叠；又不能过小过简，致使信息遗漏，无法反映建设绩效的真实情况。

（3）灵活性与可操作性：指标体系的设计应能够结合区域特点进行

适当调整，且各指标应具备一定的可度量性，能够搜集可量化的数据，便于决策评估方法的使用。

（4）动态性：指标体系的设计应该能够动态地反映信用体系的建设绩效，随着评估阶段的变化，指标体系应具备一定扩展性，能够随着评估阶段的不同而动态调整和扩充。

二 社会信用体系建设绩效评估指标体系构建

综上分析可知，一个完备健全的社会信用体系的构建受到多种因素的影响，其影响因素分析具体如图7.3所示。

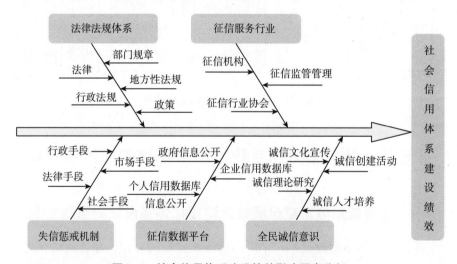

图7.3 社会信用体系建设绩效影响因素分析

通过文献调研、鱼刺图因果分析以及专家调查法，本章构建社会信用体系绩效评价指标体系如下：

（1）法律法规系统性：该指标主要衡量关于信用体系建设、征信行业管理、失信惩戒方法等方面的法律、行政法规、部门规章以及地方性法规的完备程度。

（2）征信服务行业成熟度：该指标主要衡量征信服务行业的成熟程度，主要体现在征信机构的数量、规模、结构以及规范程度，还有监管部门的管理效果以及行业协会的规范性。

（3）征信数据库水平：该指标主要衡量征信数据库的搭建力度及使

用效果，主要体现在数据库的入库信息量，数据使用量，提供征信报告份
数以及信用信息的保密程度。

（4）失信惩戒机制健全度：该指标主要衡量失信惩戒机制完善程度，
主要体现在失信行为信息披露程度、失信惩罚手段的实施效果、守信行为
的鼓励政策等方面。

（5）诚信意识水平：该指标主要衡量社会诚实守信文化氛围以及诚
信创建相关活动的筹备效果，主要体现在诚信文化的宣传力度、诚信理论
研究和诚信人才培养等方面。

第四节　长三角社会信用体系建设绩效的多阶段评价研究

在指标体系的引导下，本部分首先搜集上海市、江苏省、浙江省三
省市在社会信用体系建设的相关成就和做法。作为决策的背景资料，本
部分可作决策参考资料，供专家给出合理判断。其次在专家给出语言决
策信息的情形下，结合 orness 测度，测算阶段权重，并依此集结三省市
在社会信用体系建设过程中的动态绩效。在专家给出双重信息情形下，
评估三省市社会信用体系建设的整体表现。两部分评价结果相互呼应，
互相验证。

一　长三角主要省市社会信用体系建设情况调研

1. 上海市"十二五"期间社会信用体系建设调研

早在 1999 年 8 月，上海市作为个人征信活动的试点和排头兵，率
先以特许经营的方式落户了我国首家第三方征信企业，即上海资信有限
公司。随着该企业正式开展个人信用查询、证明等征信业务，上述活动
标志着上海社会信用体系建设工作的开始。至 2005 年年底已初步形成
了信用体系建设的工作格局和诚信工作推进机制，初步形成了诚实守信
的社会氛围和良好环境。"十二五"期间各指标下上海市信用体系建设
成果如下：

（1）法律法规政策制度建设方面

"十二五"期间，上海市政府非常重视信用体系建设工作，逐年出台
有针对性的地方行政法规。部分信用政策或制度文件可参见表 7.1。

表7.1　　　　　　"十二五"期间上海市信用政策制度一览表

年份	信用政策制度
2011	编制完成《上海市社会诚信体系发展"十二五"规划》和《上海市社会诚信体系建设三年行动计划（2011—2013年）》，颁布实施《关于加强中小企业信用制度建设的实施意见》，颁布《企业信用信息数据规范》《关于进一步加强上海市社会信用体系建设的意见》
2012	发布实施《2012年上海市社会诚信体系建设工作要点》《关于加强本市中小企业信用档案管理的实施意见》《上海市社会信用体系建设2013—2015年行动计划》《上海市政府示范使用信用报告指南》
2013	《上海市征信机构投诉受理规定》、修订《个人信用信息数据标准》《上海市公共信用信息归集和使用管理试行办法》《关于本市食品安全信用体系建设的若干意见》
2014	起草《上海市推进工程建设领域项目信息公开和诚信体系建设工作实施方案》、参与国务院法制办《征信管理条例》意见征求、《上海市公共信用信息目录2014版》
2015	制订《上海市推进工程建设领域项目信息公开和诚信体系建设工作实施方案》、参与制定《上海市社会信用体系建设"十三五"发展规划》《上海市公共信用信息归集和使用管理办法》《2015年上海市社会信用体系建设工作要点》

注：表中资料来源于2011—2015年上海信息化年鉴。

（2）征信服务业的发展状况

2011—2015年年间，上海市征信服务业发展很快，年度营业收入逐年上升，无论是从业人数还是征信机构数都增长了60%以上。其中，征信机构数量每年保持20%左右的增长速度。从业人数在经历快速增长后，于2008年以后进入稳定阶段。这说明，上海市征信服务业已经步入成熟发展的阶段。"十二五"期间上海市征信服务业发展数据可参见图7.4。

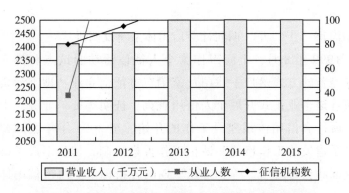

图7.4　"十二五"期间上海市征信服务业发展趋势图

（3）征信数据库建设方面

上海市个人信用联合征信数据库入库人数和提供个人信用报告数逐年呈

上升趋势，如图 7.5 所示。其他信用数据库及信息共享建设方面，2011 年企业联合征信机构入库企业数达 98 万，采集的企业信用信息涉及基本信息（企业注册信息）和信用信息数据（包括年检等级、产品达标信息、税务登记信息、国有资产绩效考评信息、信贷融资记录等方面）；同时"上海诚信网"已经上线运行了 10 年，为宣传社会诚信体系建设提供了平台。2011 年以后上海市企业信用联合征信系统中的数据向信用体系建设联系会议成员单位提供免费查询。社会信用信息自动采集系统建成并开始运行，本系统可以在指定网站自动抓取企业信用信息。另外，信用信息共享机制在城市交通、食品药品、住房管理等领域逐步开展。2012 年，上海市公共信用信息服务平台 App 和"诚信上海"移动客户端正式上线。截至 2015 年年底，企业信用联合征信系统入库企业达 168 万家，市政府公众信息网管理中心积极协调联合征信系统接入政务外网，为加强联合征信系统与政府政务信息公开平台之间的信用信息共享构建了良好的网络环境。

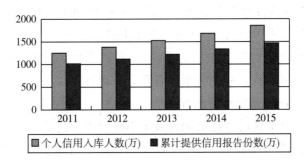

图 7.5　"十二五"期间上海市个人信用数据库建设发展趋势图

（4）失信惩戒机制方面

2006 年以来，上海市将企业不良信用记录延伸至相关责任人的个人信用报告中，浦东新区将企业的技术创新价值评估与企业的信用评估记录联系在一起，松江区将包括按时偿还农信社贷款等条件的资信状况良好的"信用户"给予小额贷款和科技结对帮扶政策方面的倾斜支持，并对上海地区的恶意欠费等失信行为形成"一处失信、处处受阻"的信用惩戒氛围。2011 年，市环保局在环境执法栏目中公布了该市环保系统查处违法企业名单，将 1737 条环保违法企业信息提供给联合征信系统。上海证监局将辖区内证券公司和异地证券公司在沪营业部高管及相关人员计 22 人次的不良诚信记录提供给上海市个人信用联合征信平台。上海海关对各进出口企业进行了升降级管理，此外还评定了 11 家"红名单"企业和 16 家"黑名单"企业。2012 年，市安监局针对危化生产企业的安全诚信活动设定了 47 项评分指标，并将企业得分与企业年检及贷款融资申请挂钩。组织了创新能力较强，信用度较高的 300 多家中小企业参与信用信息自主申报试点工作。2011 年，颁布实施《上海市食品药品严重违法企业与相关责任人员重点监管及其名单管理办法》《上海市联合征信系统采集上海市电力公司用户窃电信息可行性研究报告》等文件，明确了食品药品、电力、通信等行业失信行为的惩戒办法。2012 年，市工商局加强了对个体工商户的信用分类监管体系，研究探索失信企业及人员的市场准入预警机制，涉及全市 30 余万个体工商户的信用监管。市质量技监局积极推进建立企业质量信用信息平台，将企业信用评级结果在信息平台上进行共享，在企业营造了良好的失信惩戒守信支持的良好氛围。2013 年 9 月，上海市食品药品监督管理局将张如国等 4 名责任人、上海盼盼食品有限公司等 4 家食品生产经营者列入本市食品生产经营严重违法失信企业及有关责任人"黑名单"。仅 2015 年 1—3 月，全上海就有 1013 人因为冒用年卡、逃票坐地铁等不诚信行为而被记录到上海市信用平台。未来，他们在银行贷款、共有产权房申请、补助申领方面都会遇到麻烦。

（5）诚信宣传及创建活动方面

2011 年上海市诚信创建活动开展了 100 余项，包括举办"上海诚信活动周""公民诚信箴言征集"等活动。2012 年，信用宣传及诚信创建活动全面深入推进，全年累计开展诚信创建活动 350 多项，信用培训课程参与人数逾 6000 人次。2013 年，上海市在政府各大门户网站以及各行业协会网站上进行了社会信用状况调查，调查显示信用报告知晓率达 82.3%。2014 年，政府部门、街道社区、金融机构、房地产行业、电力公司等社会各界部门纷纷参与到社会诚信创建活动中，信用相关知识宣传活动已经深入各个社区，呈现出集各类形式各种主题百花齐放的格局。2015 年，上海市继续开展各类"上海诚信活动周"诚信创建及宣传活动，其中包括开展"百城万店无假货""诚信兴商"等，积极营造"诚信世博"的良好氛围。除此之外，上海市相关研究机构还开展了一系列信用相关的课题研究①。

---

① 汪军、朱建军、杨萍、龙俊林：《社会信用体系建设绩效的综合评估研究——以"十一五"期间上海市为例》，《征信》2013 年第 7 期。

2. 江苏省"十二五"期间社会信用体系建设调研

2010 年以来，江苏省委省政府高度重视社会信用体系建设工作，建立了推进社会信用体系建设的工作领导机制。"十二五"期间，信用体系建设连续五年被列为重点工作之一，在构建信用信息平台、发展征信服务行业以及营造诚实守信的信用文化等方面都取得了积极的进展。

（1）法律法规政策制度方面

2011 年以来，江苏省将建设江苏省社会信用体系的宏观要求按照不同行业和受众群体等因素进行细分，逐渐形成了一套较完整的信用政策制度体系。其中，具代表性的地方性法规参见表 7.2。

表 7.2　　　　　　"十二五"期间江苏省信用政策制度一览表

年份	信用政策制度
2011	《江苏省交通行业与产业项目招标投标信用档案管理办法》 《江苏省建筑业企业信用手册》 《江苏省大学生信用保险助学贷款实施办法（试行）的通知》
2012	《江苏省企业信用征信管理暂行办法》《关于加快推进诚信江苏建设的意见》 《江苏省个人信用征信管理暂行办法》《江苏省重合同守信用企业管理办法》 《江苏省交通行业与产业项目招标投标信用档案管理办法》《江苏省社会信用体系建设三年行动计划》
2013	《江苏省信用服务机构备案办法（试行）》 《江苏省消费者组织企业不良信用信息记录与披露规范》
2014	《推进工程建设领域项目信息公开和诚信体系建设工作指导意见》
2015	《江苏省 2015 年信用管理示范企业创建工作实施方案》 《关于开展信用管理示范企业创建工作的意见》

（2）征信服务行业发展方面

2010 年江苏省征信服务业尚处于起步阶段，信用服务机构数量少，规模较小；2012 年，从事各类信用评级、担保的服务机构达 80 多家；2013 年开始，江苏省信用服务机构备案管理工作初见成效，对省内信用服务机构进行规范管理；2015 年年底，江苏省备案信用服务机构从 2010 年年底的 10 家增至 46 家。

（3）征信数据平台方面

江苏省在构建信用数据平台方面确立了"一网三库一平台"的建设目标，即诚信江苏网、企业信用基础数据库、个人信用基础数据库、信贷征信数据库和公共信用信息平台。自 2005 年诚信江苏网建立以来，各级部门各个行业逐步开展了信用数据的征集和归档。"十二五"期间，江苏省征信有限公司开始启动个人征信数据平台的建设；2013 年省公共信用信息平台开始征集各省级部门的各类企业信用信息，2011—2015 年省公共信用信息平台征集信息情况见图 7.6。2013 年年底，累计建立 6687 万户中小企业建立信用档案，覆盖 85% 以上的中小企业。2015 年江苏省企业信用基本信息库已基本完备，并发挥重要作用。

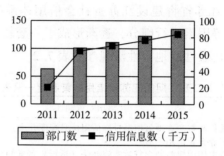

图 7.6　2011—2015 年江苏省公共信用信息平台数据征集趋势

（4）失信惩戒机制方面

2011 年，江苏省信用办联合各部门积极探索企业信用联动惩戒机制，开展信用监测试点。2013 年全省各级工商、税务、海关、药品监督、建设、出版等部门积极构建行业信用体系框架，探索部门联动监管措施，构建企业信用奖惩机制，提升了对市场经济主体失信行为的监管效能。2015 年，在综合治税、工商企业信用、药品安全、工业企业质量、工程建设等重点领域开展行业信用监管和失信惩罚措施的实施，形成了行业失信惩戒机制。

（5）诚信宣传及教育方面

"十二五"期间，江苏省信用办及各市区级部门积极开展了多项诚信宣传及教育培训活动。2011 年 3 月，省信用办在江苏大学举办全省社会信用体系建设专业知识培训班，涉及省级部门、各行业协会及信用中介机构代表的 70 多人参加了培训。2012 年进行了"诚信江苏行""诚信兴商宣传月"以及各类行业诚信主题实践活动，涉及食品、药品、建筑装饰、汽配汽修等多个行业。2013 年，继续开展"诚信兴商宣传月"宣传活动，并出版了《江苏省公民诚信教育丛书》。2011 年，省信用办会同相关部门组织开展了首期信用管理师国家职业资格培训和鉴定工作，共 105 人获得了助理信用管理师资格。

3. 浙江省"十二五"期间社会信用体系建设调研

2002 年，浙江省第十一次党的代表大会提出了"信用浙江"的信用体系建设战略决策，标志着浙江省社会信用体系建设工作的展开。以"信用浙江"为主体的信用体系建设工作在全省逐步有序地进行，至"十二五"前已取得一定的成果，初步形成了企业和个人两大信用信息数据库并实现免费查询。征信服务行业也初步形成规模，涉及信用活动的各个领域，同时建立了相关失信惩戒制度，初步构成了社会信用体系建设格局。"十二五"期间，浙江信用体系建设在各指标下的成果如下：

（1）法律法规政策制度方面

浙江省在 2010 年出台了《浙江省社会信用体系建设"十二五"规划》，并在接下来若干年中针对不同企业、不同行业、不同主体纷纷落实该规划，其中，代表性政策制度可参见表 7.3。

表 7.3　　　　"十二五"期间浙江省信用体系建设政策制度一览表

年份	信用政策制度
2011	《浙江省社会信用体系建设"十二五"规划》 《浙江省地方政府性债务管理实施暂行办法》 《浙江省公路水运工程施工企业信用评价管理暂行办法》
2012	《浙江省人民政府办公厅关于加强中小企业信用担保体系建设的若干意见》《浙江省信用服务机构管理暂行办法》
2013	《浙江省中小企业信用担保机构信用评级管理办法》 《浙江省中小企业信用担保机构备案管理暂行办法》 《浙江省农村信用体系建设工作指导意见》
2014	《关于全面落实绿色信贷政策进一步完善信息共享工作的通知》 《关于推进农村信用体系建设，进一步改善金融支农工作的实施意见》
2015	《浙江省商业承兑汇票信用评级工作方案》 《浙江省融资性担保公司管理实施办法》

（2）征信服务业发展状况

"十二五"期间，浙江省信用服务行业发展迅速，全省在人民银行备案的征信机构数由 2011 年的 13 家增至 2015 年 500 余家，涉及信用评级、信用担保等各个业务领域。2012 年，全省共对近 3.4 万户借款企业开展了信用评级业务。2013 年全年完成借款企业评级 13542 户、担保机构主体评级 540 户。2012 年，浙江省信用服务行业协会——浙江省企业信用促进会发挥重要作用，并制定了相关行业准则和管理制度来约束信用服务行业的市场行为，促进了信用服务行业的有序发展。

（3）征信数据库建设方面，

2011 年，浙江省建成全国统一的企业和个人征信系统且实现联网运行，这标志着"十二五"期间社会信用体系建设工作取得突破性进展。到 2011 年年末，两大征信系统数据库收录了浙江省 48.7 万家企业、3310 万自然人的信用信息，贷款入库率近 100%。个人及企业联合征信系统月均查询量见图 7.7。征信系统入库贷款余额见图 7.8。浙江省尤其重视对中小企业信用档案的建立，中小企业信用档案建立及更新数据见图 7.9。

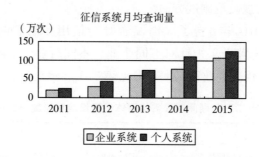

图 7.7　"十二五"期间浙江省征信系统月均查询量

图 7.8　"十二五"期间浙江省征信系统入库贷款余额

（4）失信惩戒机制方面

"十二五"期间，浙江省逐步完善企业和个人两个征信系统数据库，提升了征信系统的服务能力。信用信息共享机制逐步完善，使得金融机构的不良贷款率明显下降（从 1.67% 降到 0.95%），已达到国际先进水平。浙江省还开展了各项针对中小企业的信贷扶持政策，使得信用良好的中小企业在申请贷款时能享受一定的政策支持。除此之外，还出台了多项惠农贷款举措、财政贴息扶持政策等，为信用户、信用村提供更多的融资便利和支持。

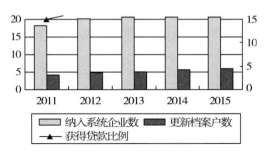

图 7.9　"十二五"期间浙江省中小企业信用档案纳入及更新户数

（5）诚信文化宣传方面

浙江省在信用体系建设过程中比较重视诚信文化的宣传和培训工作，2011 年，浙江省已初步形成全省征信宣传教育联动机制，定期在高校举办信用知识讲座，鼓励高校积极开展信用管理相关课程的设立，使得信用理念和知识深入百姓心中。各地组织征信业务培训 20 多场次，参训人员达 1000 多人。2013 年，诚信宣传活动以"征信知识宣传月"和"信用记录关爱日"两大主体活动为重点，通过新闻媒体和网络平台等媒介进行了征信知识的普及。2011 年，诚信宣传活动形式更加多样，例如知识讲座、文艺汇演、教育培训、演讲比赛等。政府部门联合各个行业协会及教育机构共同开展信用宣传，营造了"守信者得益、失信者难行"的良好社会信用氛围。

二　语言决策信息下长三角社会信用体系建设绩效多阶段评价

考虑到社会信用体系的绩效评价是一个复杂的系统工程，各省市的社会信用体系建设的定量化指标复杂多样，无法进行统一处理。各省市社会信用体系建设各有侧重，统计指标也不尽相同，因此用定量数据来表述各指标下的绩效较为困难。除此之外，社会信用体系建设工作在"十二五"期间是一个动态发展的过程，绩效指标也随之不断变化，更加大了定量统计数据处理的难度。因此，本章在对长三角地区"十二五"期间社会信用体系建设绩效调研数据的基础上，聘请了 4 位专家在详细了解上海、江苏、浙江三省市"十二五"期间的信用体系建设情况的基础上，对其建设绩效进行评估。

第一轮评估关注于三省市在五个评价属性下的具体表现值，考虑到语言变量比较接近于人类的思维习惯且表述简单,具有较好的灵活性和可操作性,专家使用语言变量来表述其主观评价结果。备选的具体语言变量集合如下:

$$S = \begin{Bmatrix} s_0 = N(none), s_1 = VL(very\ low), s_2 = L(low), s_3 = M(medium), \\ s_4 = H(high), s_5 = VH(very\ high), s_6 = P(perfect) \end{Bmatrix}$$

通过对专家调研问卷的整理,可以得到以下决策评价信息:

(1) 评估对象:上海市 (a_1)、江苏省 (a_2)、浙江省 (a_3);

(2) 评估属性指标:法律法规系统性 (c_1)、征信服务行业成熟度 (c_2)、征信数据库水平 (c_3)、失信惩戒机制健全度 (c_4)、诚信意识水平 (c_5);

(3) 各阶段专家给出的决策支持矩阵 $X_{ij}^d(t_k)$,其中 i 表示三个评价省市, i = 1,2,3; j 表示五个评价属性, j = 1,2,…,5; d 表示 4 位决策专家, d = 1,2,3,4; k 表示"十二五"期间的 5 个自然年度(阶段数), k = 1,2,…,5(2011 年为第 1 年,依次类推);

(4) 根据对专家的专业知识、技术水平、行业影响力等因素,确定专家权重 ω = (0.3,0.35,0.15,0.2)。

2011 年 (k = 1) 绩效数据:

$$X_{ij}^1(t_1) = \begin{bmatrix} s_5 & s_4 & s_4 & s_3 & s_4 \\ s_6 & s_2 & s_4 & s_3 & s_5 \\ s_4 & s_3 & s_2 & s_2 & s_3 \end{bmatrix}, \quad X_{ij}^2(t_1) = \begin{bmatrix} s_4 & s_5 & s_4 & s_3 & s_6 \\ s_5 & s_3 & s_3 & s_3 & s_5 \\ s_5 & s_3 & s_6 & s_5 & s_5 \end{bmatrix},$$

$$X_{ij}^3(t_1) = \begin{bmatrix} s_5 & s_4 & s_6 & s_3 & s_4 \\ s_4 & s_4 & s_2 & s_3 & s_3 \\ s_4 & s_2 & s_4 & s_5 & s_4 \end{bmatrix}, \quad X_{ij}^4(t_1) = \begin{bmatrix} s_5 & s_3 & s_4 & s_3 & s_5 \\ s_3 & s_2 & s_5 & s_3 & s_2 \\ s_4 & s_4 & s_3 & s_5 & s_4 \end{bmatrix};$$

2012 年 (k = 2) 绩效数据:

$$X_{ij}^1(t_2) = \begin{bmatrix} s_5 & s_6 & s_3 & s_4 & s_6 \\ s_4 & s_4 & s_4 & s_3 & s_4 \\ s_4 & s_2 & s_4 & s_5 & s_5 \end{bmatrix}, \quad X_{ij}^2(t_2) = \begin{bmatrix} s_5 & s_5 & s_5 & s_2 & s_5 \\ s_5 & s_3 & s_4 & s_3 & s_3 \\ s_4 & s_3 & s_4 & s_5 & s_4 \end{bmatrix},$$

$$X_{ij}^3(t_2) = \begin{bmatrix} s_5 & s_5 & s_5 & s_5 & s_6 \\ s_3 & s_1 & s_4 & s_4 & s_3 \\ s_3 & s_3 & s_4 & s_4 & s_4 \end{bmatrix}, \quad X_{ij}^4(t_2) = \begin{bmatrix} s_2 & s_3 & s_5 & s_6 & s_4 \\ s_6 & s_4 & s_2 & s_5 & s_2 \\ s_4 & s_3 & s_4 & s_5 & s_3 \end{bmatrix};$$

2013 年 (k = 3) 绩效数据:

$$X_{ij}^1(t_3) = \begin{bmatrix} s_6 & s_5 & s_5 & s_4 & s_5 \\ s_3 & s_2 & s_3 & s_5 & s_2 \\ s_5 & s_3 & s_3 & s_4 & s_4 \end{bmatrix}, \quad X_{ij}^2(t_3) = \begin{bmatrix} s_4 & s_6 & s_5 & s_6 & s_5 \\ s_4 & s_3 & s_2 & s_4 & s_5 \\ s_5 & s_5 & s_3 & s_4 & s_3 \end{bmatrix},$$

$$X_{ij}^3(t_3) = \begin{bmatrix} s_6 & s_5 & s_5 & s_6 & s_3 \\ s_4 & s_2 & s_3 & s_5 & s_3 \\ s_5 & s_4 & s_5 & s_2 & s_4 \end{bmatrix}, \quad X_{ij}^4(t_3) = \begin{bmatrix} s_6 & s_4 & s_6 & s_4 & s_4 \\ s_6 & s_4 & s_2 & s_4 & s_6 \\ s_4 & s_5 & s_4 & s_5 & s_5 \end{bmatrix};$$

2014 年（$k = 4$）绩效数据：

$$X_{ij}^1(t_4) = \begin{bmatrix} s_6 & s_5 & s_6 & s_5 & s_6 \\ s_2 & s_3 & s_2 & s_3 & s_4 \\ s_3 & s_4 & s_4 & s_4 & s_3 \end{bmatrix}, \quad X_{ij}^2(t_4) = \begin{bmatrix} s_2 & s_6 & s_6 & s_5 & s_5 \\ s_3 & s_4 & s_1 & s_4 & s_6 \\ s_3 & s_5 & s_5 & s_4 & s_4 \end{bmatrix},$$

$$X_{ij}^3(t_4) = \begin{bmatrix} s_6 & s_5 & s_6 & s_5 & s_6 \\ s_5 & s_3 & s_3 & s_5 & s_4 \\ s_4 & s_4 & s_4 & s_4 & s_5 \end{bmatrix}, \quad X_{ij}^4(t_4) = \begin{bmatrix} s_6 & s_5 & s_4 & s_5 & s_6 \\ s_4 & s_2 & s_3 & s_4 & s_3 \\ s_3 & s_4 & s_4 & s_4 & s_3 \end{bmatrix};$$

2015 年（$k = 5$）绩效数据：

$$X_{ij}^1(t_5) = \begin{bmatrix} s_3 & s_5 & s_1 & s_4 & s_6 \\ s_5 & s_4 & s_3 & s_3 & s_5 \\ s_5 & s_5 & s_5 & s_5 & s_4 \end{bmatrix}, \quad X_{ij}^2(t_5) = \begin{bmatrix} s_3 & s_6 & s_5 & s_5 & s_3 \\ s_4 & s_3 & s_2 & s_4 & s_3 \\ s_5 & s_6 & s_6 & s_4 & s_4 \end{bmatrix},$$

$$X_{ij}^3(t_5) = \begin{bmatrix} s_5 & s_6 & s_5 & s_5 & s_6 \\ s_6 & s_5 & s_3 & s_3 & s_5 \\ s_5 & s_5 & s_5 & s_4 & s_4 \end{bmatrix}, \quad X_{ij}^4(t_5) = \begin{bmatrix} s_5 & s_4 & s_2 & s_5 & s_3 \\ s_5 & s_3 & s_2 & s_4 & s_4 \\ s_6 & s_4 & s_5 & s_5 & s_4 \end{bmatrix}。$$

步骤 1：参照文献［11］，将决策支持矩阵 $X_{ij}^d(t_k)$ 中的语言信息转化为二元语义形式（略）。

步骤 2：通过专家权重 $\omega = (0.3, 0.35, 0.15, 0.2)$，集结各阶段下专家意见，得到二元语义形式表征的群体决策支持矩阵 $X_{ij}(t_k)$，其中，

$$X_{ij}(t_k) = \Delta(\sum_{d=1}^{4} \omega_d \Delta^{-1}(X_{ij}^d(t_k)))$$

2011 年群体决策支持矩阵：

$$X_{ij}(t_1) = \begin{bmatrix} (s_5, -0.35) & (s_4, 0.15) & (s_4, 0.3) & (s_3, 0) & (s_5, -0.1) \\ (s_5, -0.25) & (s_3, -0.35) & (s_4, -0.45) & (s_3, 0) & (s_4, 0.1) \\ (s_4, 0.35) & (s_3, 0.05) & (s_4, -0.1) & (s_4, 0.1) & (s_4, 0.05) \end{bmatrix};$$

2012 年群体决策支持矩阵：

$$X_{ij}(t_2)=\begin{bmatrix} (s_4,0.4) & (s_5,0.3) & (s_4,0.4) & (s_4,-0.15) & (s_5,0.25) \\ (s_5,-0.4) & (s_3,0.2) & (s_4,-0.4) & (s_4,-0.45) & (s_3,0.1) \\ (s_4,-0.15) & (s_3,-0.3) & (s_4,0.3) & (s_5,-0.15) & (s_4,0.1) \end{bmatrix};$$

2013 年群体决策支持矩阵：

$$X_{ij}(t_3)=\begin{bmatrix} (s_5,0.3) & (s_5,0.15) & (s_5,0.2) & (s_5,0) & (s_5,-0.5) \\ (s_4,0.1) & (s_3,-0.25) & (s_2,0.45) & (s_4,0.45) & (s_4,0) \\ (s_5,-0.2) & (s_4,0.25) & (s_4,-0.5) & (s_4,-0.1) & (s_4,-0.15) \end{bmatrix};$$

2014 年群体决策支持矩阵：

$$X_{ij}(t_4)=\begin{bmatrix} (s_5,-0.4) & (s_5,0.35) & (s_5,-0.4) & (s_5,-0.15) & (s_6,-0.35) \\ (s_3,0.2) & (s_3,0.15) & (s_2,0) & (s_4,-0.15) & (s_5,-0.5) \\ (s_3,0.15) & (s_4,0.35) & (s_4,0.35) & (s_4,-0.45) & (s_4,-0.35) \end{bmatrix};$$

2015 年群体决策支持矩阵：

$$X_{ij}(t_5)=\begin{bmatrix} (s_4,-0.3) & (s_5,0.3) & (s_3,0.2) & (s_5,-0.3) & (s_4,0.35) \\ (s_5,-0.2) & (s_4,-0.4) & (s_2,0.45) & (s_4,-0.45) & (s_4,0.3) \\ (s_5,0.2) & (s_5,0.15) & (s_5,0.35) & (s_5,-0.5) & (s_4,0) \end{bmatrix}。$$

步骤 3：由于专家对各属性的重要性没有特别偏好，特认定各属性等权重，即属性权重 $w=(0.2, 0.2, 0.2, 0.2, 0.2)$。根据 TOPSIS 思想对效益型指标进行处理，可得各阶段下正负理想方案如下：

第 1 阶段正理想方案 $\tilde{r}(t_1)^+=\{(s_5,-0.25), (s_4,0.15), (s_4, 0.3), (s_4,0.1), (s_5,-0.1)\}$；

第 1 阶段负理想方案 $\tilde{r}(t_1)^-=\{(s_4,0.35), (s_3,-0.35), (s_4,-0.45), (s_3,0), (s_4,0.05)\}$；

第 2 阶段正理想方案 $\tilde{r}(t_2)^+=\{(s_5,-0.4), (s_5,0.3), (s_4,0.4), (s_5,-0.15), (s_5,0.25)\}$；

第 2 阶段负理想方案 $\tilde{r}(t_2)^-=\{(s_4,-0.15), (s_3,-0.3), (s_4,-0.4), (s_4,-0.45), (s_3,0.1)\}$；

第 3 阶段正理想方案 $\tilde{r}(t_3)^+=\{(s_5,0.3), (s_5,0.15), (s_5,0.2), (s_5,0), (s_5,-0.5)\}$；

第 3 阶段负理想方案 $\tilde{r}(t_3)^-=\{(s_4,0.1), (s_3,-0.25), (s_2,$

0.45)，(s_4，－0.1)，(s_4，－0.15)}；

第4阶段正理想方案 $\tilde{r}(t_4)^+$ ＝ {(s_5，－0.4)，(s_5，0.35)，(s_6，－0.4)，(s_5，－0.15)，(s_6，－0.35)}；

第4阶段负理想方案 $\tilde{r}(t_4)^-$ ＝ {(s_3，0.15)，(s_3，0.15)，(s_2，0)，(s_4，－0.45)，(s_4，－0.35)}；

第5阶段正理想方案 $\tilde{r}(t_5)^+$ ＝ {(s_5，0.2)，(s_5，0.3)，(s_5，0.35)，(s_5，－0.3)，(s_4，0.35)}；

第5阶段负理想方案 $\tilde{r}(t_5)^-$ ＝ {(s_4，－0.3)，(s_4，－0.4)，(s_2，0.45)，(s_4，－0.45)，(s_4，0)}。

步骤4：计算各阶段下三省市社会信用体系建设绩效与正、负理想方案之间的距离 $D_i(t_k)^+$ 和 $D_i(t_k)^-$，并根据公式 $D_i(t_k) = \dfrac{D_i(t_k)^-}{D_i(t_k)^+ + D_i(t_k)^-}$ 测算各方案的综合贴近度 $D_i(t_k)$ 如下：

第1阶段：$D_1(t_1)^+ = 0.24$，$D_1(t_1)^- = 0.68$，$D_1(t_1) = 0.739$；

$D_2(t_1)^+ = 0.83$，$D_2(t_1)^- = 0.09$，$D_2(t_1) = 0.098$；$D_3(t_1)^+ = 0.55$，$D_3(t_1)^- = 0.37$，$D_3(t_1) = 0.402$。

第2阶段：$D_1(t_2)^+ = 0.24$，$D_1(t_2)^- = 1.28$，$D_1(t_2) = 0.842$；

$D_2(t_2)^+ = 1.27$，$D_2(t_2)^- = 0.25$，$D_2(t_2) = 0.164$；$D_3(t_2)^+ = 0.92$，$D_3(t_2)^- = 0.6$，$D_3(t_2) = 0.395$。

第3阶段：$D_1(t_3)^+ = 0$，$D_1(t_3)^- = 1.62$，$D_1(t_3) = 1$；

$D_2(t_3)^+ = 1.48$，$D_2(t_3)^- = 0.14$，$D_2(t_3) = 0.086$；$D_3(t_3)^+ = 0.97$，$D_3(t_3)^- = 0.65$，$D_3(t_3) = 0.401$。

第4阶段：$D_1(t_4)^+ = 0$，$D_1(t_4)^- = 2.11$，$D_1(t_4) = 1$；

$D_2(t_4)^+ = 1.87$，$D_2(t_4)^- = 0.24$，$D_2(t_4) = 0.114$；$D_3(t_4)^+ = 1.4$，$D_3(t_4)^- = 0.71$，$D_3(t_4) = 0.336$。

第5阶段：$D_1(t_5)^+ = 0.73$，$D_1(t_5)^- = 0.79$，$D_1(t_5) = 0.520$；

$D_2(t_5)^+ = 1.24$，$D_2(t_5)^- = 0.28$，$D_2(t_5) = 0.184$；$D_3(t_5)^+ = 0.14$，$D_3(t_5)^- = 1.38$，$D_3(t_5) = 0.908$。

步骤5：决策专家认为，近期的数据具有较强的时效性，应给予更多的重视。根据专家的反馈意见，选择 orness 参数 $\gamma = 0.3$。阶段权重先验信息集 H 为 $\{\lambda(t_k) \geq 0.1, k = 1 \sim 5\}$ 参照第二章中模型 M-2.1 的形式，可以设计阶段权重 $\lambda(t_k)$ 的测算模型如下：

$$\min D = \sum_{i=1}^{3} \sum_{k=2}^{5} (D_i(t_k)\lambda(t_k) - D_i(t_{k-1})\lambda(t_{k-1}))^2$$

$$s.t. \begin{cases} \text{orness}(\lambda) = \dfrac{1}{5-1}\sum_{k=1}^{5}(5-k)\lambda(t_k) = 0.3 \\ \sum_{k=1}^{5}\lambda(t_k) = 1 \\ (\lambda(t_1), \lambda(t_2), \cdots, \lambda(t_5))^T \in H \\ 0 \leq \lambda(t_k) \leq 1, k = 1, 2, \cdots, 5 \end{cases}$$

求解上面模型，可得最优解情形下阶段权重 $\lambda^* = \{0.15, 0.18, 0.19, 0.23, 0.25\}$。由此可见，在 orness 参数 $\gamma = 0.3$ 时，专家对近期数据更为重视，这符合新信息优选的原则。

步骤 6：通过阶段权重 λ^*，集结各方案的阶段贴近度 $D_i(t_k)$，可得三省市社会信用体系建设绩效的动态综合贴近度 $D_i = \sum_{k=1}^{5}\lambda(t_k)^* \times D_i(t_k)$，如表 7.4 所示。

从表 7.4 可以看出，三省市的社会信用体系建设绩效的动态综合贴近度排序结果为 $D_1 > D_3 > D_2$，即上海市在社会信用体系建设工作上完成效果最好，浙江省次之，江苏省由于开展此工作较晚，表现暂时落后。

表 7.4　决策依据信息下长三角社会信用体系建设绩效的贴近度信息

年份 贴近度 对象	2011 $\lambda(t_1)^*$ $= 0.15$	2012 $\lambda(t_2)^*$ $= 0.18$	2013 $\lambda(t_3)^*$ $= 0.19$	2014 $\lambda(t_4)^*$ $= 0.23$	2015 $\lambda(t_5)^*$ $= 0.25$	动态综合 贴近度 D_i
上海市 a_1	0.739	0.842	1.000	1.000	0.520	0.812
江苏省 a_2	0.098	0.164	0.086	0.114	0.184	0.133
浙江省 a_3	0.402	0.395	0.401	0.336	0.908	0.512

三　双重信息情形下长三角社会信用体系建设绩效多阶段评价

上节涉及的评估工作仅根据决策依据信息，且默认属性权重为等权重。由于语言信息具有较强的主观性和不确定性，需要进一步添加其他评价信息，一方面增强决策结果的科学性和全面性，另一方面决策结果可以相互验证，互相补充。因此，本部分涉及的专家评价过程不仅根据五个评价属性下的方案绩效表现（决策依据信息），更新加入了各阶段下的专家判断信息。专家判断信息是指专家从三省市的整体建设绩效出发，对各年底时点建设绩效进行两两比较结果并给出主观评价信息。综合两类信息进行社会信用体系建设绩效评估有利于全面系统地展现各省市的建设成果。

在上一轮评估的基础上，添加了专家对三省市社会信用体系建设整体绩效的偏好信息，得到各阶段下专家偏好矩阵 $R_{ij}^d(t_k)$，其中 i 和 j 表示三个评价省市，$i, j = 1, 2, 3$；d 表示 4 位决策专家，$d = 1, 2, 3, 4$；k 表示"十二五"期间的 5 个自然年度（阶段数），$k = 1, 2, \cdots, 5$（2011 年为第 1 年，以此类推）。

2011 年（$k = 1$）方案整体表现的专家判断矩阵：

$$R_{ij}^1(t_1) = \begin{bmatrix} s_3 & s_5 & s_4 \\ s_1 & s_3 & s_1 \\ s_2 & s_5 & s_3 \end{bmatrix}, \quad R_{ij}^2(t_1) = \begin{bmatrix} s_3 & s_6 & s_4 \\ s_0 & s_3 & s_2 \\ s_2 & s_4 & s_3 \end{bmatrix},$$

$$R_{ij}^3(t_1) = \begin{bmatrix} s_3 & s_6 & s_4 \\ s_0 & s_3 & s_3 \\ s_2 & s_3 & s_3 \end{bmatrix}, \quad R_{ij}^4(t_1) = \begin{bmatrix} s_3 & s_6 & s_3 \\ s_0 & s_3 & s_5 \\ s_3 & s_1 & s_3 \end{bmatrix};$$

2012 年（$k = 2$）方案整体表现的专家判断矩阵：

$$R_{ij}^1(t_2) = \begin{bmatrix} s_3 & s_6 & s_4 \\ s_0 & s_3 & s_1 \\ s_2 & s_5 & s_3 \end{bmatrix}, \quad R_{ij}^2(t_2) = \begin{bmatrix} s_3 & s_4 & s_6 \\ s_2 & s_3 & s_2 \\ s_0 & s_4 & s_3 \end{bmatrix},$$

$$R_{ij}^3(t_2) = \begin{bmatrix} s_3 & s_5 & s_4 \\ s_1 & s_3 & s_2 \\ s_2 & s_4 & s_3 \end{bmatrix}, \quad R_{ij}^4(t_2) = \begin{bmatrix} s_3 & s_4 & s_3 \\ s_2 & s_3 & s_0 \\ s_3 & s_6 & s_3 \end{bmatrix};$$

2013 年（$k = 3$）方案整体表现的专家判断矩阵：

$$R_{ij}^1(t_3) = \begin{bmatrix} s_3 & s_4 & s_4 \\ s_2 & s_3 & s_3 \\ s_2 & s_3 & s_3 \end{bmatrix}, \quad R_{ij}^2(t_3) = \begin{bmatrix} s_3 & s_5 & s_3 \\ s_1 & s_3 & s_2 \\ s_3 & s_4 & s_3 \end{bmatrix},$$

$$R_{ij}^3(t_3) = \begin{bmatrix} s_3 & s_5 & s_3 \\ s_1 & s_3 & s_4 \\ s_3 & s_2 & s_3 \end{bmatrix}, \quad R_{ij}^4(t_3) = \begin{bmatrix} s_3 & s_5 & s_6 \\ s_1 & s_3 & s_5 \\ s_0 & s_1 & s_3 \end{bmatrix};$$

2014 年 ($k = 4$) 方案整体表现的专家判断矩阵：

$$R_{ij}^1(t_4) = \begin{bmatrix} s_3 & s_4 & s_4 \\ s_2 & s_3 & s_4 \\ s_2 & s_2 & s_3 \end{bmatrix}, \quad R_{ij}^2(t_4) = \begin{bmatrix} s_3 & s_5 & s_2 \\ s_1 & s_3 & s_1 \\ s_4 & s_5 & s_3 \end{bmatrix},$$

$$R_{ij}^3(t_4) = \begin{bmatrix} s_3 & s_5 & s_5 \\ s_1 & s_3 & s_3 \\ s_1 & s_3 & s_3 \end{bmatrix}, \quad R_{ij}^4(t_4) = \begin{bmatrix} s_3 & s_5 & s_6 \\ s_1 & s_3 & s_2 \\ s_0 & s_4 & s_3 \end{bmatrix};$$

2015 年 ($k = 5$) 方案整体表现的专家判断矩阵：

$$R_{ij}^1(t_5) = \begin{bmatrix} s_3 & s_6 & s_4 \\ s_0 & s_3 & s_3 \\ s_2 & s_3 & s_3 \end{bmatrix}, \quad R_{ij}^2(t_5) = \begin{bmatrix} s_3 & s_5 & s_4 \\ s_1 & s_3 & s_3 \\ s_2 & s_3 & s_3 \end{bmatrix},$$

$$R_{ij}^3(t_5) = \begin{bmatrix} s_3 & s_5 & s_6 \\ s_1 & s_3 & s_2 \\ s_0 & s_4 & s_3 \end{bmatrix}, \quad R_{ij}^4(t_5) = \begin{bmatrix} s_3 & s_5 & s_4 \\ s_1 & s_3 & s_5 \\ s_2 & s_1 & s_3 \end{bmatrix}。$$

多阶段双重信息下长三角地区社会信用体系建设绩效评估步骤如下：

步骤 1：对专家偏好矩阵信息 $R_{ij}^d(t_k)$ 进行一致性检验（具体方法参见文献 [52]），各阶段判断矩阵均符合一致性要求。将专家偏好信息中的语言信息转化为二元语义形式[11]。

步骤 2：通过专家权重 $\omega = (0.3, 0.35, 0.15, 0.2)$，对各阶段下 4 位专家的偏好信息进行集结，得到各年份下群偏好矩阵信息 $R_{ij}(t_k) = \Delta\left[\sum_{d=1}^{4} \omega_d \Delta^{-1}(R_{ij}^d(t_k))\right]$

$$R_{ij}(t_1) = \begin{bmatrix} (s_3, 0) & (s_6, -0.3) & (s_4, -0.2) \\ (s_0, 0.3) & (s_3, 0) & (s_2, 0.45) \\ (s_2, 0.2) & (s_4, -0.45) & (s_3, 0) \end{bmatrix},$$

$$R_{ij}(t_2) = \begin{bmatrix} (s_3, 0) & (s_5, -0.25) & (s_5, -0.5) \\ (s_1, 0.25) & (s_3, 0) & (s_1, 0.3) \\ (s_1, 0.5) & (s_5, -0.3) & (s_3, 0) \end{bmatrix},$$

$$R_{ij}(t_3) = \begin{bmatrix} (s_3,\ 0) & (s_5,\ -0.3) & (s_4,\ -0.1) \\ (s_1,\ 0.3) & (s_3,\ 0) & (s_3,\ 0.2) \\ (s_2,\ 0.1) & (s_3,\ -0.2) & (s_3,\ 0) \end{bmatrix},$$

$$R_{ij}(t_4) = \begin{bmatrix} (s_3,\ 0) & (s_5,\ -0.3) & (s_4,\ -0.15) \\ (s_1,\ 0.3) & (s_3,\ 0) & (s_2,\ 0.4) \\ (s_2,\ 0.15) & (s_4,\ -0.4) & (s_3,\ 0) \end{bmatrix},$$

$$R_{ij}(t_5) = \begin{bmatrix} (s_3,\ 0) & (s_5,\ 0.3) & (s_4,\ 0.3) \\ (s_1,\ -0.3) & (s_3,\ 0) & (s_3,\ 0.25) \\ (s_2,\ -0.3) & (s_3,\ -0.25) & (s_3,\ 0) \end{bmatrix}。$$

步骤3：由于专家针对三省市社会信用体系建设的整体绩效给出自己的判断，无法确定各年度建设绩效的比较信息。本部分采取第四章相关结论，对双重信息下三省市社会信用体系建设绩效进行评估。

① 根据第四章中定义 4.6，构造各阶段下方案的导出偏好矩阵，在此基础上构建 M-4.2 模型并使用 Lingo 软件求解，可得 t_1 阶段下属性权重 $w(t_1) = (0.015, 0.717, 0.118, 0.02, 0.13)$；

②将 $w(t_1)$ 代入 M-4.4 模型，求解可得 t_2 阶段属性权重 $w(t_2) = (0.011, 0.277)$ 和 t_2 阶段终止时的阶段权重 $\lambda(t_2) = (0.226, 0.774)$；

③将 $w(t_1)$ 和 $w(t_2)$ 继续代入 M-4.4 模型，求解可得 t_3 阶段属性权重 $w(t_3) = (0.168, 0.217, 0.276, 0.179, 0.16)$ 和 t_3 阶段终止时的阶段权重 $\lambda(t_3) = (0.245, 0.439, 0.316)$；

④将 $w(t_1)$、$w(t_2)$ 和 $w(t_3)$ 代入 M-4.4 模型，求解可得 t_4 阶段属性权重 $w(t_4) = (0.143, 0.212, 0.384, 0.124, 0.137)$ 和 t_4 阶段终止时的阶段权重 $\lambda(t_4) = (0.072, 0.126, 0.363, 0.439)$；

⑤将 $w(t_1)$、$w(t_2)$、$w(t_3)$ 和 $w(t_4)$ 代入 M-4.4 模型，求解可得 t_5 阶段下属性权重 $w(t_5) = (0.119, 0.201, 0.199, 0.201, 0.2)$ 和 t_5 阶段终止时的阶段权重 $\lambda(t_5) = (0.027, 0.06, 0.423, 0.486, 0.004)$。

步骤4：根据五个阶段的属性权重和 t_5 阶段终止时的阶段权重对 $X_{ij}(t_k)$ 进行集结可得决策依据信息下的三个省市社会信用体系建设的综合绩效为 $X = [(s_5, 0.16), (s_3, 0.18), (s_4, -0.03)]$。

步骤5：根据公式（4.5），计算专家偏好信息下的排序分数为 $r = [(s_4, 0.2), (s_2, 0.32), (s_2, 0.48)]$。

步骤6：假设决策者的信息偏好程度为0.5，则根据公式（4.4）计算可得，双重信息下三省市社会信用体系建设绩效值为 $[(s_5, -0.32),$ $(s_3, -0.25), (s_3, 0.22)]$，根据二元语义排序关系可知 $a_1 \succ a_3 \succ a_2$。

四　结论与启示

通过上两节的评估结果，可以得到"十二五"期间长三角三省市在社会信用体系建设的如下结论：

（1）作为国际化大都市和长三角地区经济中心，上海市的社会信用体系建设效果最令人满意

从上述两轮的评价结果来看，无论是综合贴近度还是语言评价值，上海市在社会信用体系建设上的表现非常优秀，位于三省市的第一位。无论是关于信用的地方性法规、数据库建设，还是信用奖惩机制，上海市均走在全国的前列。从征信行业近年来发展数据来看，上海市的社会信用体系建设已经进入成熟和良性发展阶段，连续三年行业产值持续上升。

分析其原因，上海市在社会信用体系建设上取得的成就与其国际大都市形象、长三角地区经济中心、外资外贸发展程度和民众信用意识等因素息息相关。首先，上海市是我国对外交流的窗口和门户，国际接触极其频繁，这为上海市社会信用体系建设提供了良好的外部环境和交流渠道。其次，上海市涉外经济非常发达，外贸交易也日益关注企业和个人信用，这为上海市社会信用体系建设提供了广阔的市场和发展机遇。再次，上海市社会建设和民众的信用意识广泛吸取国外先进国家的宝贵经验，频繁的信用宣传为上海市社会信用体系建设提供了良好的舆论资源。

（2）浙江省民营经济较为发达且灵活度较高，经济环境成为浙江省社会信用体系建设的催化剂

相对于上海市，浙江省的社会信用体系起步较晚，但近年来发展势头迅猛。除了浙江省各级政府的积极推动之外，浙江省发达的民营经济及其催生的社会需求对浙江省社会信用体系建设起到了强有力的推动作用。

浙江省是全国民营经济最为发达的省份之一，尤其是温州、宁波、义乌等地区的中小型企业众多，经济活动灵活，民间融资和借贷往来频繁。"十二五"期间，浙江省民间融资愈演愈烈，征信行业在私人借贷过程中起到了举足轻重的担保作用。尤其是近几年，浙江省民间借贷所产生的刑

事案件频发，这对浙江省征信行业的规范操作、职业运营等方面提出了更高的要求。为了促进本省中小型企业融资，浙江省政府在信用体系建设上的力度继续加大，未来发展前景广阔。

（3）江苏省社会信用体系建设相对落后，但未来发展潜力令人期待

与上海市相比，江苏省缺乏广泛的国际交流平台。与浙江省相比，江苏省民营经济尚处于发展阶段。从评估结果来看，在长三角三省市中，江苏省社会信用体系建设暂时处于下风。虽然江苏省在社会信用建设上已经有了较为完善的框架，但总体建设水平仍然处于起步阶段，尚不能满足江苏省经济和社会发展的进程需要。

面对良好的经济发展形势，江苏省已将"诚信江苏"作为打造"和谐江苏"的五大载体之一。各级政府对社会信用体系建设进一步统一思想，健全社会信用体系及其功能，完善社会信用服务和信用数据库。随着江苏省政府对社会信用体系的日益重视，再加上江苏省中小型企业的快速发展，作为长三角经济强省的江苏省社会信用体系未来的发展潜力非常巨大。

第五节　本章小结

长三角地区是我国经济发展最为迅猛的区域之一，而社会信用体系是社会稳定的有力保障，也是经济健康发展的催化剂。因此，社会信用体系的建设效果成为社会各界关注的话题。本章在掌握国内外关于社会信用体系建设相关研究的基础上，分析我国社会信用体系的框架及基本要素，进而有针对性地设计社会信用体系评估的指标体系。搜集"十二五"期间上海市、江苏省和浙江省在社会信用体系建设的相关成就，分别在决策依据信息和双重信息等情形下评估各地社会信用体系的建设效果。两轮评估相互验证、互相支持，为各省市明确自身社会信用体系建设现状、总结现有经验和不足、制定未来的发展规划提供了科学的理论依据。

第八章

结论与展望

第一节　主要结论

现如今，很多较为复杂的决策问题，如大型工程项目验收、系统级供应商选择、区域经济发展评估、政策效果评价等，均需要经历较长的建设周期，其间面临多轮评估过程和结论。由于决策问题的复杂性、决策环境的多样性、决策主体的有限理性，语言信息较为符合主体的思维习惯和逻辑方式，已经成为决策专家衡量方案绩效的有效工具。因此，语言信息的多阶段决策问题具有重要的学术研究意义和理论应用价值。

本书分别针对主观阶段偏好下的决策信息挖掘、多阶段风险偏好变化、双重异构语言信息联动、群体意见交互修正、大规模群体决策等情形，设计多阶段语言信息的集结方法，通过测算阶段权重等关键参数，集结备选方案在各阶段下表现，以全评价周期的视角衡量方案的综合表现，进而实现方案的优选排序。具体而言，本书的主要工作如下：

（1）研究了主观阶段偏好下的多阶段不确定语言信息决策问题。综合考虑各阶段下决策信息特征和主观时序偏好双因素，设计了一类多阶段语言决策信息集结模型。该模型结合了 TOPSIS 方法的研究思想，利用方案表现与正、负理想方案之间的距离将方案不确定语言信息表征为综合贴近度，以衡量方案的综合绩效；根据各阶段方案的决策矩阵和阶段权重偏好等信息，以相邻阶段间的综合贴近度最小为原则，构建目标规划模型以确定各阶段权重，进而对备选方案实现多阶段优选排序；以上述模型为基础进行扩展研究，分别分析了方案综合表现的变动范围以及最优 orness 参数 γ^* 的波动情况，为复杂环境下的多阶段决策问题提供理论参考。

（2）基于前景理论研究多阶段随机多准则决策中的语言信息集结问

题，参照动态发展速度的思想，设计了一种多阶段动态参考点的设置方法；构建多准则权重测算模型，并通过权重集结得到方案动态前景值；建立了方案前景值的范围估算模型，以分析决策风险对评价结果的实际影响。该方法不仅是参考点设置方法在时间维度的有效拓展，也为多阶段决策问题的语言信息集结问题提供了一种新的分析思路和研究方法。

（3）针对同时含有决策依据信息和专家偏好信息的双重结构语言信息的多阶段决策问题，设计了一类针对双重结构语言信息的融合方法；以决策依据信息的导出偏好矩阵和专家语言判断矩阵之间差异最小为目标，建立多目标优化模型，确定单一阶段下评价属性权重；分析多阶段情形下决策依据矩阵和专家判断矩阵的结构特点和变化特征，设计多阶段规划模型以探寻各阶段时间权重的表现特征；分析决策者对于双重信息的偏好程度水平，对备选方案的动态综合绩效和最终阶段下专家偏好信息进行集结，实现方案的选优决策。

（4）针对同时含有专家主观偏好信息和决策依据信息双重信息下的多阶段群体决策问题，研究了综合考虑双重信息影响的专家偏好交互修正方法及多阶段集结问题。定义方案的综合偏好矩阵，综合考虑主观评价和客观依据信息以表征方案整体绩效之间两两比较的结果。以专家群体判断矩阵和方案综合偏好矩阵之间的偏离度为控制阈值目标，构建一类目标规划模型，以辨别专家群体中可能存在的弱有效性专家。将专家偏好表征为空间向量，研究了专家偏好信息的修正方法，探究弱有效性专家偏好的最小移动步长和合理的专家权重。测算各阶段下专家群体偏好与综合偏好矩阵之间的累积偏差量，分析其与阶段权重之间的关联关系，并通过阶段权重集结各阶段下方案的综合偏好矩阵，进而得到备选方案的优选排序。

（5）研究了双重语言信息下大规模专家群体聚类方法，并依此为基础集结多阶段语言信息。依据专家偏好信息抽取先验群体分类偏好信息，保证了先验信息的可信度和客观性；剖析比较双重信息下的聚类冲突结果，构建聚类结果一致性测度和非一致性测度指标，以此为基础构建规划模型，获取合理属性权重以协调双重信息下聚类冲突；以综合相似关系表征双重信息下的专家相似关系，并进行编网聚类分析；分析专家双重信息间的融合度以表征专家评价可靠性，以此为基础设置类内权重和类间权重，并对各阶段下专家信息进行集结；以各阶段群体综合双重信息融合程度为依据设置阶段权重，并对总体阶段信息进行集结，进而得到方案的排序结果。

（6）选择长三角地区社会信用体系建设绩效的多阶段评估工作为研究对象，验证之前方法的科学性和合理性。在掌握国内外关于社会信用体系建设相关研究的基础上，分析我国社会信用体系的框架及基本要素，进而有针对性地设计社会信用体系评估的指标体系。搜集"十二五"期间上海市、江苏省和浙江省在社会信用体系建设的相关成就，分别在决策依据信息和双重信息等情形下评估各地社会信用体系的建设效果。两轮评估相互验证、互相支持，为各省市明确自身社会信用体系建设现状、总结现有经验和不足、制定未来的发展规划提供了科学的理论依据。

第二节　研究展望

双重以及多重语言信息的多阶段集结问题是一个富有挑战的新的研究领域，本书仅在该领域进行了一些探索性研究。随着决策工作的科学性要求进一步提高，本领域的研究前景比较广阔，未来可能实现突破的研究方向总结如下：

（1）基于主体行为判定的语言信息定量化表征方法研究

由于语言信息较为贴合决策主体的思维习惯和逻辑判断，在决策问题中较为常用。然而，语言信息决策的基础工作就是将语言信息定量化处理，以便后续运算和分析。目前，语言信息经常被转化为区间数、模糊数和二元语义等形式。然而不能回避的是，决策主体的不同，对语言变量的理解和选择均存在一定的差异，不能用统一的规则对其进行处理。例如，在一位要求比较宽容的专家和一位要求非常严格的专家眼中，语言变量"较好"的理解和含义就不尽相同。因此，需要研究决策主体的行为和态度，方能确定其给出语言信息的真实含义。此外，对不确定语言信息的处理方法，尤其是犹豫模糊语言信息，尚不成熟，研究潜力较大。

（2）多重信息的交互融合和冲突解决机制研究

在复杂的决策问题中，可能面临来自于多个渠道、多个主体、多种形式的决策或评价信息，这就形成了多重信息。不可否认的是，多重信息之间存在着一定的内在联系，也可能存在彼此矛盾的地方。因此，应广泛分析多重信息之间的内在联系，研究其融合机理。对于可能存在的信息冲突或矛盾，应建立一套较为完备的冲突判别和解决机制，其中贝叶斯网络和证据理论可能是解决此类问题的一个有效工具。

（3）多阶段决策信息的处理和决策支持系统的设计

通过本书研究不难发现，大部分章节均面临较为复杂的评价信息，尤其是体现在群体决策问题中。一方面，信息来源渠道众多，信息种类多样；另一方面，决策专家数目较多，主体类型各异。而多阶段语言信息集结问题涉及较多的关键变量，如阶段权重、属性权重、专家权重、类内权重和类间权重等。关键变量的设计均需要建立较为复杂的规划模型，部分模型甚至没有可行域。因此，需要设计一个决策支持系统以处理复杂多样的多阶段决策信息，通过计算机仿真计算以提升计算效率，扩大本书方法的应用范围。

参考文献

［1］汪应洛：《系统工程理论、方法与应用》，高等教育出版社 1997 年版。

［2］Zadeh L A. The concept of a linguistic variable and its application to approximate reasoning. Information Sciences，1975，8（3）：199-249.

［3］Herrera F，Herrera—Viedma E. Linguistic decision analysis：Steps for solving decision problems under lingusitic information. Fuzzy Sets and Systems，115：67-82，2000.

［4］Bordogna G，Fedrizzi M，Passi G. A linguistic modeling of consensus in group decision making based on OWA operator. IEEE Transactions on Systems，Man，and Cybernetics，1997，27（1）.

［5］徐泽水：《不确定多属性决策方法及应用》，清华大学出版社 2004 年版。

［6］Xu Z S. EOWA and EOWG operators for aggregating linguistic labels based on linguistic preference relations. International Journal of Uncertainty，Fuzziness and Knowledge-Based Systems，2004，12（6）.

［7］Xu Z S. Interactive group decision making procedure based on uncertain multiplicative linguistic preference relations. Technical Report，2006.

［8］戴跃强、徐泽水、李琰、达庆利：《语言信息评估新标度及其应用》，《中国管理科学》2008 年第 2 期。

［9］Rodríguez RM，Martínez L，Herrera F. Hesitant fuzzy linguistic term sets for decision making. IEEE Transactions on Fuzzy Systems，2012，20（1）.

［10］Rodríguez RM，Martínez L，Herrera F. A group decision making model dealing with comparative linguistic expressions based on hesitant fuzzy linguistic term sets. Information Sciences, 2013, 241 (20).

［11］Herrera F, Martinez L. The 2—tuple linguistic computational model: Advantages of its linguistic description, accuracy and consistency. International Journal of Uncertainty, Fuzziness and Knowledge— Based Systems, 2001 (9).

［12］Delgado M, Verdegay J L, Vila M A. A model for linguistic partial information in decision making problem. International Journal of Intelligent Systems, 1994, 9 (4).

［13］Yager R R. Fusion of ordinal information using weighted median aggregation, International Journal of Approximate Reasoning, 1998, 18 (1-2).

［14］Herrera F, Herrera-Viedma E. Aggregation operators for linguistic weighted information. IEEE Transactions on Systems , Man , and Cybernetics, 1997, 27 (5).

［15］Xu Z S. A method based on linguistic aggregation operators for group decision making with linguistic preference relations. Information Sciences, 2004, 166 (1-4).

［16］邸凯昌、李德仁、李德毅:《云理论及其在空间数据挖掘和知识发现中的应用》,《中国图像图形学报》1999 年第 11 期。

［17］王洪利、冯玉强:《基于云模型具有语言评价信息的多属性群决策研究》,《控制与决策》2005 年第 6 期。

［18］Yang X J, Yan L L, Zeng L. How to handle uncertainties in AHP: The Cloud Delphi hierarchical analysis. Information Sciences, 2013, 222 (10).

［19］王坚强、杨恶恶:《基于蒙特卡罗模拟的直觉正态云多准则群决策方法》,《系统工程理论与实践》2013 年第 11 期。

［20］李德毅、刘常昱:《不确定性人工智能》,《软件学报》2004 年第 11 期。

［21］Li D Y, Du Y. Artificial Intelligence with Uncertainty, Chapman & Hall CRC Press, Boca Raton, FL, 2007.

［22］Li D F, Wan S P. Fuzzy linear programming approach to multiattribute decision making with multiple types of attribute values and incomplete weight information. Applied Soft Computing, 2013, 13 (11).

［23］Fan Z P, Ma J, Zhang Q. An approach to multiple attribute decision making based on fuzzy preference information on alternatives. Fuzzy Sets and Systems, 2002, 131 (1).

［24］Xu X Z. A note on the subjective and objective integrated approach to determine attribute weights. European Journal of Operational Research, 2004, 156 (2).

［25］Chou CH, Liang G S, Chang H C. A fuzzy AHP approach based on the concept of possibility extent. Qual Quant, 2013, 47.

［26］Liu S, Chan FTS, Ran WX. Multi-attribute group decision-making with multi-granularity linguistic assessment information: An improved approach based on deviation and TOPSIS. Application Mathematical Modeling, 2013, 37 (24).

［27］Liu H B, Rodriguez R M. A fuzzy envelope for hesitant fuzzy linguistic term set and its application to multicriteria decision making. Information Sciences, 2014, 258.

［28］Liu H C, Liu L, Wu J. Material selection using an interval 2-tuple linguistic VIKOR method considering subjective and objective weights. Materials & Design, 2013, 52.

［29］刘思峰、党耀国、方志耕:《灰色系统理论及其应用》(第三版),科学出版社 2004 年版。

［30］党耀国、刘思峰、刘斌:《基于区间数的多指标灰靶决策模型的研究》,《中国工程科学》2005 年第 8 期。

［31］Zhu J J, Hipel KW. Multiple stages grey target decision making method with incomplete weight based on multi—granularity linguistic label. Information Sciences, 2012, 212 (1).

［32］戴文战、李久亮:《灰色多属性偏离靶心度群决策方法》,《系统工程理论与实践》2014 年第 3 期。

［33］Chen T Y. An ELECTRE-based outranking method for multiple criteria group decision making using interval type-2 fuzzy sets. Information Sciences, 2014, 263 (1).

［34］Behzadiana M, Kazemzadehb R B, Albadvib A, Aghdasib M. PROMETHEE: A comprehensive literature review on methodologies and applications. European Journal of Operational Research, 2010, 200 (1).

［35］Wei G W. Uncertain linguistic hybrid geometric mean operator and its application to group decision making under uncertain linguistic environment. International Journal of Uncertainty, Fuzziness and Knowledge—Based Systems, 2009, 17 (2).

［36］Wan S P. 2-Tuple linguistic hybrid arithmetic aggregation operators and application to multi—attribute group decision making. Knowledge—Based Systems, 2013, 45.

［37］Kadzinski M, Greco S, Slowinski R. Selection of a representative value function for robust ordinal regression in group decision making. Group Decision and Negotiation, 2013, 22 (3).

［38］刘佳鹏、廖貅武、蔡付龄：《基于案例比较信息的多准则群决策分类方法》，《系统工程理论与实践》2014年第4期。

［39］Kahneman D, Tversky A. Prospect theory: An analysis of decision under risk. Economitrica, 1979, 47 (2).

［40］Tversky A, Kahneman D. Advances in prospect theory: Cumulative representation of uncertainty. Journal of Risk and Uncertainty, 1992, 5 (4).

［41］樊治平、刘洋、沈荣鉴：《基于前景理论的突发事件应急响应的风险决策方法》，《系统工程理论与实践》2012年第5期。

［42］李仕峰、杨乃定、张云翌：《突发事件下选择应急方案的风险决策方法》，《控制与决策》2013年第12期。

［43］Fan Z P, Zhang X, Chen F D, Liu Y. Multiple attribute decision making considering aspiration-levels: A method based on prospect theory. Computers & Industrial Engineering, 2013, 65 (2).

［44］Fan Z P, Zhang X, Chen F D, Liu Y. Extended TODIM method for hybrid multiple attribute decision making problems. Knowledge-Based Systems, 2013, 42.

［45］Krohling RA, Pacheco AGC, Siviero ALT. IF-TODIM: An intuitionistic fuzzy TODIM to multi-criteria decision making. Knowledge-Based Systems, 2013, 53.

［46］张晓、樊治平：《一种基于前景随机占优准则的随机多属性决策方法》，《控制与决策》2010年第12期。

［47］刘培德：《一种基于前景理论的不确定语言变量风险型多属性

决策方法》，《控制与决策》2011 年第 6 期。

［48］Bell D E. Regret in decision making under uncertainty. Operations Research，1982，30（5）.

［49］Loomes G，Sugden R. Regret theory：An alternative theory of rational choice under uncertainty. The Economic Journal，1982，92（368）.

［50］张晓、樊治平、陈发动：《基于后悔理论的风险型多属性决策方法》，《系统工程理论与实践》2013 年第 9 期。

［51］Rai D，Jha G K，Chatterjee P，Chakraborty S. Material selection in manufacturing environment using compromise ranking and regret theory-based compromise ranking methods：A comparative study. Universal Journal of Materials Science，2013，1（2）.

［52］樊治平、肖四汉：《基于自然语言符号表示的比较矩阵的一致性及排序方法》，《系统工程理论与实践》2002 年第 5 期。

［53］靳凤侠、黄天民：《语言判断矩阵的一致性调整方法》，《系统工程与电子技术》2013 年第 7 期。

［54］魏翠萍、冯向前、张玉忠：《语言判断矩阵的满意一致性检验方法》，《系统工程理论与实践》2009 年第 1 期。

［55］Xu Z S. Incomplete linguistic preference relations and their fusion. Information Fusion，2006，7（3）.

［56］Wang T C，Chen Y H. Incomplete fuzzy linguistic preference relations under uncertain environments. Information Fusion，2010，11（2）.

［57］Chen S M，Lin T E，Lee L W. Group decision making using incomplete fuzzy preference relations based on the additive consistency and the order consistency. Information Sciences，2014，59.

［58］Xu Z S. An approach based on the uncertain LOWG and induced uncertain LOWG operators to group decision making with uncertain multiplicative linguistic preference relations. Decision Support Systems，2006，41（2）.

［59］Garc'ıa-Lapresta J L，Llamazares B，Mart'ınez-Panero M. Linguistic matrix aggregation operators：Extensions of the Borda rule. Computational Intelligence，Theory and Applications，2006，38.

［60］王珏、刘三阳、张杰：《群决策中基于语言信息处理的一种粗糙集方法》，《系统工程学报》2006 年第 1 期。

［61］Wu Z B, Xu J P. A consistency and consensus based decision support model for group decision making with multiplicative preference relations. Decision Support Systems, 2012, 52 (3).

［62］Xu Z S, Cai X Q. Group consensus algorithms based on preference relations. Information Science, 2011, 181 (1).

［63］Xu Y J, Li K W, Wang H. Distance-based consensus models for fuzzy and multiplicative preference relations. Information Sciences, 2013, 253.

［64］Hu Q, Yu D, Guo M Z. Fuzzy preference based rough sets. Information Sciences, 2010, 180 (10).

［65］Boroushaki S, Malczewski J. Using the fuzzy majority approach for GIS-based multicriteria group decision-making. Computers and Geosciences, 2010, 36 (3).

［66］Lee H. Optimal consensus of fuzzy opinions under group decision making environment. Fuzzy sets and systems, 2002, 132 (3).

［67］梁墚、熊立、王国华：《一种群决策中确定专家判断可信度的改进方法》，《系统工程》2004 年第 6 期。

［68］陈岩、樊治平：《基于语言判断矩阵的群决策逆判问题研究》，《系统工程学报》2005 年第 2 期。

［69］刘万里：《关于 AHP 中逆判问题的研究》，《系统工程理论与实践》2001 年第 4 期。

［70］梁墚、熊立、王国华：《一种群决策中专家客观权重的确定方法》，《系统工程与电子技术》2005 年第 4 期。

［71］陈俊良、刘新建、陈超：《基于语言决策矩阵的专家客观权重确定方法》，《系统工程与电子技术》2011 年第 6 期。

［72］徐选华、周声海、周艳菊、陈晓红：《基于乘法偏好关系的群一致性偏差熵多属性群决策方法》，《控制与决策》2014 年第 2 期。

［73］王坚强：《一种信息不完全确定的多准则语言群决策方法》，《控制与决策》2007 年第 4 期。

［74］周宇峰、魏法杰：《基于模糊判断矩阵信息确定专家权重的方法》，《中国管理科学》2006 年第 14 期。

［75］万俊、邢焕革、张晓晖：《基于熵理论的多属性群决策专家权重的调整算法》，《控制与决策》2010 年第 6 期。

［76］周延年、朱怡安：《基于灰色系统理论的多属性群决策专家权重的调整算法》，《控制与决策》2012 年第 7 期。

［77］陈晓红、刘益凡：《基于区间数群决策矩阵的专家权重确定方法及其算法实现》，《系统工程与电子技术》2010 年第 10 期。

［78］王俊英、李德华、吴士泓：《决策关联分析下的专家权重自适应调整研究》，《计算机工程与应用》2010 年第 33 期。

［79］Liu X W. A general model of parameterized OWA aggregation with given Orness level. International Journal of Approximate Reasoning, 2008, 48 (2).

［80］Yager RR. On the dispersion measure of OWA operators. Information Sciences, 2009, 179 (22).

［81］Debashree G, Debjani C. Fuzzy multi-attribute group decision making method to achieve consensus under the consideration of degrees of confidence of experts' opinions. Computers and Industrial Engineering, 2011, 60 (4).

［82］Liu P D, Jin F. Methods for aggregating intuitionistic uncertain linguistic variables and their application to group decision making. Information Sciences, 2012, 205 (1).

［83］吴志彬、徐雷：《两种基于个体偏好集结的多属性群决策共识方法》，《控制与决策》2014 年第 3 期。

［84］张晓、樊治平：《一种基于证据推理的多指标多标度大群体决策方法》，《运筹与管理》2011 年第 2 期。

［85］陈骥、苏为华、张崇辉：《基于属性分布信息的大规模群体评价方法及应用》，《中国管理科学》2013 年第 3 期。

［86］张晓、樊志平：《一种基于随机占优准则的多指标多标度大群体决策方法》，《系统工程》2010 年第 2 期。

［87］陈晓红、刘蓉：《改进的聚类算法及在复杂大群体决策中的应用》，《系统工程与电子技术》2006 年第 11 期。

［88］徐选华、范永峰：《改进的蚁群聚类算法及在多属性大群体决策中的应用》，《系统工程与电子技术》2011 年第 2 期。

［89］徐选华、陈晓红、王红伟：《一种面向效用值偏好信息的大群体决策方法》，《控制与决策》2009 年第 3 期。

［90］徐选华、万奇锋：《一种连续型随机多属性大群体决策方法》，《系统工程与电子技术》2012 年第 10 期。

［91］刘蓉、陈晓红：《信得大群体一致性学习修正决策方法》，《系统工程与电子技术》2008 年第 5 期。

［92］周漩、张凤鸣、惠晓滨、李克武：《基于信息熵的专家聚类赋权方法》，《控制与决策》2011 年第 1 期。

［93］李闯、端木京顺、蔡忠义、高建国：《基于判断矩阵的专家模糊核聚类组合赋权方法》，《控制与决策》2012 年第 9 期。

［94］徐选华、陈晓红：《复杂大群体决策支持系统结构及实现技术研究》，《计算机工程与应用》2009 年第 13 期。

［95］陈晓红等：《复杂大群体决策方法及应用》，科学出版社 2009 年版。

［96］闻育、吴铁军：《求解复杂多阶段决策问题的动态窗蚁群优化算法》，《自动化学报》2004 年第 6 期。

［97］闫书丽、刘思峰、方志耕、朱建军、吴利丰：《基于累积前景理论的动态风险灰靶决策方法》，《控制与决策》2013 年第 11 期。

［98］Xu Z S. On multi-period multi-attribute decision making. Knowledge-Based Systems, 2008, 21 (2).

［99］Xu Z S, Yager R R. Dynamic intuitionistic fuzzy multi-attribute decision making. International Journal of Approximate Reasoning, 2008, 48 (1).

［100］Yager R R. Quantifier guided aggregation using OWA operators. International Journal of Intelligent Systems, 1996, 11 (1).

［101］Yager R R. OWA aggregation over a continuous interval argument with applications to decision making. IEEE Transactions on Systems, Man, and Cybernetics-Part B, 2004, 34 (5).

［102］Yager R R. Time series smoothing and OWA aggregation, Technical Report #MII-2701 ［R］, Machine Intelligence Institute, Iona College, New Rochelle, NY, 2007.

［103］Wei G W. Some geometric aggregation functions and their application to dynamic multiple attribute decision making in intuitionistic fuzzy setting, International Journal of Uncertainty, Fuzziness and Knowledge-Based Systems, 2009, 17 (2).

［104］Xu Z S. A method based on the dynamic weighted geometric aggregation operator for dynamic hybrid multi-attribute group decision making, International Journal of Uncertainty, Fuzziness and Knowledge-Based Systems, 2009, 17（1）.

［105］Xu Z S. Multi-period multi-attribute group decision-making under linguistic assessments. International Journal of General Systems, 2009, 38（8）.

［106］郭亚军、姚远、易平涛:《一种动态综合评价方法及应用》,《系统工程理论与实践》2007 年第 10 期。

［107］Wang X F, Wang J Q, Deng S Y. A method to dynamic stochastic multicriteria decision making with log-normally distributed random variables. The Scientific World Journal, 2013.

［108］朱建军、刘思峰、李洪伟、田飞:《群决策中多阶段多元判断偏好的集结方法研究》,《控制与决策》2008 年第 7 期。

［109］刘勇、Jeffrey Forrest、刘思峰、赵焕焕、菅利荣:《一种权重未知的多属性多阶段决策方法》,《控制与决策》2013 年第 6 期。

［110］Wei G W. Grey relational analysis model for dynamic hybrid multiple attribute decision making, Knowledge-Based Systems, 2011, 24（5）.

［111］卢志平、侯利强、陆成裕:《一类考虑阶段赋权的多阶段三端点区间数型群决策方法》,《控制与决策》2013 年第 11 期。

［112］郭亚军、唐海勇、曲道钢:《基于最小方差的动态综合评价方法及应用》,《系统工程与电子技术》2010 年第 6 期。

［113］钱吴永、党耀国、刘思峰:《基于差异驱动原理与均值关联度的动态多指标决策模型》,《系统工程与电子技术》2012 年第 2 期。

［114］Dong Q X, Guo Y J. Multiperiod multiattribute decision-making method based on trend incentive coefficient. International Transactions in Operational Research, 2013, 20.

［115］Jappelli T, Pagano M. Information sharing in credit markets: the European experience. Journal of Finance, 1993, 48（5）.

［116］朱桦:《略论加快商业信用体系建设》,《中国流通经济》2010 年第 9 期。

［117］Jentzsch N, San Jose Riestra A. Information Sharing and Its Implications for Consumer Credit Markets：United States vs. Europe. Workshop "the Economics of Consumer Credit：Eroupean Experience and Lessons from the U. S." Florence，Italy，2003.

[118] Jappelli T，Pagano M. Role and effects of credit information sharing. Center for Studies in Economics and Finance Working Paper，2005，136.

[119] Altman EI. Financial ratios，discriminant analysis and the prediction of corporate bankruptcy，The Journal of Finance，1968，23（4）.

[120] Altman EI，Haldeman RG，Narayanan P. ZETA analysis A new model to identify bankruptcy risk of corporations. Journal of Banking & Finance，1977，1（1）.

[121] Hudson C，Mays E. Credit Risk Modeling. AMACOM American Management Association，New York：1999.

[122] Crouhy M，Galai D，Mark R. A comparative analysis of current credit risk models. Journal of Banking &Finance，2000，24（1-2）.

[123] Dennis M. Credit and Collection Handbook. Prentice Hall：Upper Saddle River，New Jersey 2000.

[124] Ohlson JA. Financial ratios and the probabilistic prediction of bankruptcy. Journal of Accounting Research. 1980，18（1）.

[125] Mays E. Handbook of Credit Scoring. AMACOM American Management Association，New York：2001.

[126] Desai VS，Crook JN，Overstreet Jr GA. A comparison of neural networks and linear scoring models in the credit union environment. European Journal of Operational Research，1996，5（1）.

[127] 朱冰：《从国外经验看我国社会信用体系建设》，《中国经贸导刊》2005 年第 3 期。

[128] 左志刚、谭荣华：《征信行业运作管理模式国际比较》，《现代管理科学》2009 年第 3 期。

[129] LuotoJ，McIntosh C，Wydick B. Credit information systems in less developed countries：a test with microfinance in Guatemala. Economic Development and Cultural Change，2007，55（2）.

[130] Brown M，Jappelli T，Pagano M. Information sharing and credit：Firm-level evidence from transition countries. Journal of Financial Intermediation，

2009，18（2）.

［131］Fuglseth AM，Gronhaug K. Information systems as a secondary strategic resource：the case of bank credit evaluations. International Journal of Information Management，1994，14（4）.

［132］Artigas CT. A Review of Credit Registers and their Use for Basel II. FSI Award 2004 Winning Paper. Bank of Spain，September 2004.

［133］张维迎：《产权、政府与信誉》，生活·读书·新知三联书店2001 年版。

［134］王一鸣、李敏波：《合同违约、执行难与合约期界无限化效应——对全国法院执行案件信息管理系统的威慑效应经济学分析》，《系统工程理论与实践》2011 年第 5 期。

［135］赵新产：《欠发达地区农村信用体系建设的现实困境及对策——以广西崇左为例》，《征信》2011 年第 2 期。

［136］马国建：《构建区域一体化社会信用体系研究：以长三角地区为例》，三联书社 2011 年版。

［137］于泳：《沪京辽蒙等地社会信用体系建设经验对天津市的借鉴意义》，《天津经济》2010 年第 11 期。

［138］张维、李玉霜：《商业银行信用风险分析综述》，《管理科学学报》1998 年第 3 期。

［139］石庆焱、靳云汇：《个人信用评分的主要模型与方法综述》，《统计研究》2003 年第 8 期。

［140］于立勇：《商业银行信用风险评估预测模型研究》，《管理科学学报》2003 年第 5 期。

［141］王春峰、康莉：《基于遗传规划方法的商业银行信用风险评估模型》，《系统工程理论与实践》2001 年第 2 期。

［142］Xu Z S. Uncertain linguistic aggregation operators based approach to multiple attribute group decision making under uncertain linguistic environment. Information Sciences，2004，168（1）.

［143］Xu Z S. Multiple attribute decision making based on different types of linguistic information. Journal of Southeast University，2006，22（1）.

［144］Vandani B，Mousavi SM，Tavakkoli-Moghaddam R. Group decision making based on novel fuzzy modified TOPSIS method. Application

Mathematical Modeling，2011，35（9）.

［145］Awasthi A，Chauhan SS，Omrani H. Application of fuzzy TOPSIS in evaluating sustainable transportation systems. Expert Systems with Application，2011，38（10）.

［146］Liao C N，Kao H P. An integrated fuzzy TOPSIS and MCGP approach to supplier selection in supply chain management. Expert Systems with Application，2011，38（9）.

［147］Yager R R. On ordered weighted averaging aggregation operators in multicriteria decision making. IEEE Transactions on Systems，Man，and Cybernetics. 1988，18（1）.

［148］Kim S H，Choi S H，Kim J K. An interactive procedure for multiple attribute group decision making with incomplete information：Range-based approach. European Journal of Operational Research，1999，118（1）.

［149］Liu X W. A general model of parameterized OWA aggregation with given orness level. International Journal of Approximate Reasoning，2008，48（2）.

［150］Vicenc T. Effects of orness and dispersion on WOWA sensitivity. Artificial Intelligence Research and Development，2008，184.

［151］李随成、陈敬东、赵海刚：《定性决策指标体系评价研究》，《系统工程理论与实践》2001 年第 9 期。

［152］徐泽水、达庆利：《区间数排序的可能度法及其应用》，《系统工程学报》2003 年第 1 期。

［153］胡军华、陈晓红、刘咏梅：《基于语言评价和前景理论的多准则决策方法》，《控制与决策》2009 年第 10 期。

［154］Hu J H，Yang L. Dynamic stochastic multi-criteria decision making method based on cumulative prospect theory and set pair analysis. Systems Engineering Procedia，2011，1.

［155］Liu P D，Jin F，Zhang X. Research on the multi-attribute decision-making under risk with interval probability based on prospect theory and the uncertain linguistic variables. Knowledge-based Systems，2011，24（4）.

［156］王坚强、周玲：《基于前景理论的灰数随机多准则决策方法》，《系统工程理论与实践》2010 年第 9 期。

［157］张尧、樊治平:《具有部分指标权重信息的语言多指标决策方法》,《系统工程与电子技术》2006 年第 12 期。

［158］Van Laarhoven P J M, Pedrycz W. A fuzzy extension of Saaty's priority theory. Fuzzy Sets and Systems, 1993, 11 (1-3).

［159］Chen C T. Extensions of the TOPSIS for group decision-making under fuzzy environment. Fuzzy Sets and Systems, 2000, 114 (1).

［160］Chang DY. Applications of the extent analysis method on fuzzy AHP. European Journal of Operational Research, 1996, 95 (3).

［161］Zhu K J, Jing Y, Chang D Y. A discussion on extent analysis method and application of fuzzy AHP. European Journal of Operational Research, 1999, 116 (2).

［162］Xu Z S. On consistency of the weighted geometric mean complex judgement matrix in AHP. European Journal of Operational Research, 2000, 126 (3).

［163］徐泽水、达庆利:《多属性决策的组合赋权方法研究》,《中国管理科学》2002 年第 2 期。

［164］王坚强、孙腾、陈晓红:《基于前景理论的信息不完全的模糊多准则决策方法》,《控制与决策》2009 年第 8 期。

［165］Marimin M, Umano M, Hatono I, et al. Linguistic labels for expressing fuzzy preference relations in fuzzy group decision making. IEEE Trans on Systems, Man, and Cybernetics, Part B: Cybernetics, 1998, 28 (2).

［166］姜艳萍、邢艳楠:《二元语义判断矩阵的一致性分析》,《东北大学学报》(自然科学版) 2007 年第 1 期。

［167］王正新、党耀国、宋传平:《基于区间数的多目标灰色局势决策模型》,《控制与决策》2009 年第 3 期。

［168］Winston W L. Operations research application and algorithms. Beijing: Tsinghua University Press, 2006.

［169］Xu Z S. An interactive method for fuzzy multiple attribute group decision making. Information Sciences, 2007, 177 (1).

［170］Park K S, Kim S H, Tools for interactive multi-attribute decision making with incompletely identified information. , European Journal of Operational Research, 1997, 98 (1).

［171］徐泽水：《基于残缺互补判断矩阵的交互式群决策方法》，《控制与决策》2005 年第 8 期。

［172］邸强、朱建军、刘思峰、郭倩、方志耕：《基于两类残缺偏好信息的交互式群决策方法研究》，《中国管理科学》2008 年第 10 期。

［173］Su Z X，Chen M Y，Xia G P，Wang L. An interactive method for dynamic intuitionistic fuzzy multi-attribute group decision making. Expert Systems with Applications，2011，38（12）.

［174］Chuu S J. Interactive group decision-making using a fuzzy linguistic approach for evaluating the flexibility in a supply chain. European Journal of Operational Research，2011，213（1）.

［175］Herrera F，Martinez L. An approach for combining linguistic and numerical information based on the 2-tuple fuzzy linguistic representation model in decision-making. International Journal of Uncertainty，Fuzziness and Knowledge-Based Systems，2000，8（5）.

［176］姜艳萍、樊治平：《一种具有不同粒度语言判断矩阵的群决策方法》，《中国管理科学》2006 年第 6 期。

［177］王应明、傅国伟：《群组判断矩阵排序中的广义最小偏差方法》，《系统工程理论与实践》1994 年第 6 期。

［178］徐选华、张丽媛、陈晓红：《模糊偏好下基于属性二元关系的群体聚类方法》，《系统工程与电子技术》2012 年第 11 期。

［179］王翯华、朱建军、方志耕：《基于灰色聚类的大规模群体语言评价信息集结研究》，《控制与决策》2012 年第 2 期。

［180］徐选华、陈晓红：《基于矢量空间的群体聚类方法研究》，《系统工程与电子技术》2005 年第 6 期。

［181］胡立辉、罗国松：《改进的基于矢量空间的群体聚类算法》，《系统工程与电子技术》2007 年第 3 期。

［182］Wan S P，Li D F. Fuzzy LINMAP approach to heterogeneous MADM considering comparisons of alternatives with hesitation degrees. Omega，2013，41（6）.

［183］Li D F，Wan S P. Fuzzy linear programming approach to multiattribute decision making with multiple types of attribute values and incomplete weight information. Applied Soft Computing，2013，13（11）.

［184］郭亚军、王春震、张发明、邹家兴：《一种基于部分样本类别判定的聚类分析方法》，《东北大学学报》（自然科学版）2009 年第 7 期。

［185］高新波：《模糊聚类分析及应用》，西安电子科技大学出版社 2004 年版。

［186］Srinivasan V, Shocker A D. Linear Programming techniques for multidimensional analysis of preference. Psychometrika, 1973, 38 (3).

［187］贺仲雄：《模糊数学及其应用》，天津科学技术出版社 1983 年版。

［188］高阳、罗贤新、胡颖：《基于判断矩阵的专家聚类赋权研究》，《系统工程与电子技术》2009 年第 3 期。

［189］周漩、张凤鸣、惠晓滨、李克武：《基于信息熵的专家聚类赋权方法》，《控制与决策》2011 年第 1 期。

［190］赵燕：《我国社会信用体系建设中的难点及对策》，《产业与科技论坛》2007 年第 12 期。

［191］朱建军、刘小弟、刘思峰：《基于政府作用视角的社会信用体系建设研究——以江苏省为例》，《征信》2013 年第 2 期。

［192］国务院发展研究中心市场经济研究所“建立我国社会信用体系的政策研究”课题组：《加快建立我国社会信用管理体系的政策建议》，《经济研究参考》2002 年第 17 期。

［193］林英杰：《我国征信体系中失信惩戒机制研究》，硕士学位论文，湖南大学，2009 年。

［194］谢科进：《现代企业信用与企业信用体系建设》，《管理世界》2002 年第 11 期。

［195］汪军、朱建军、杨萍、龙俊林：《社会信用体系建设绩效的综合评估研究——以“十一五”期间上海市为例》，《征信》2013 年第 7 期。

本书相关的研究成果

1. 《基于前景理论的多阶段随机多准则决策方法》，《中国管理科学》2015 年第 23 期。

2. 《群体分类偏好下的双重语言信息融合聚类方法》，《控制与决策》2015 年第 30 期。

3. 《基于 orness 测度的多阶段不确定语言信息优化集结》，《系统工程理论与实践》2013 年第 33 期。

4. 《基于双重语言信息联动的多阶段决策模型》，《控制与决策》2014 年第 29 期。

5. 《基于交互式修正的双重语言信息联动决策方法》，《系统工程与电子技术》2014 年第 36 期。

6. 《双重信息下多阶段异质群体决策模型及算法》，《系统工程》2016 年第 34 期。

7. Simplified algorithm for grey shapley model in profit allocation for a complex product system. The Journal of Grey System, 2012, 25（2）: 81-90.

8. Capacity Buffer Design for Critical Equipment Caused by Unexpected Production Mission. Applied Mechanics and Materials, 2013, 423 - 426（3）: 2139-2144.

"十二五"期间长三角地区社会信用体系建设效果的调研问卷

尊敬的先生/女士:

受浙江省哲学社科规划办公室的委托,我们正在针对"十二五"期间长三角地区主要省市(上海市、浙江省和江苏省)的社会信用体系的建设效果进行评估。鉴于您在本领域具有广泛的影响力,特设计了这份调研问卷。首先请您阅读"十二五"期间上海市、浙江省和江苏省社会信用体系建设上开展的主要工作,在下面问卷中给出您的意见。问卷属于匿名填写,相关信息也将严格保密,敬请放心填写。此份问卷仅用于研究用途,并不会用于任何商业用途,请您放心填写。

××大学 ××课题组

第一部分　"十二五"期间长三角主要省市社会信用体系建设效果的多指标调研

请您针对 2011—2015 年上海市、江苏省和浙江省在社会信用体系建设的五个评价属性——"法律法规系统性""征信服务行业成熟度""征信数据库水平""失信惩戒机制健全度"和"诚信意识水平"下的表现,选择合适的语言值并在对应的空格中打"√"。

附表 1　　　　　　　上海市社会信用体系建设效果评估调研表

评价属性 ＼ 备选语言值 ＼ 表现	极差 s_0	非常差 s_1	差 s_2	一般 s_3	好 s_4	非常好 s_5	极好 s_6
2011 年 上海市 法律法规系统性							
征信服务行业成熟度							
征信数据库水平							
失信惩戒机制健全度							
诚信意识水平							
2012 年 上海市 法律法规系统性							
征信服务行业成熟度							
征信数据库水平							
失信惩戒机制健全度							
诚信意识水平							
2013 年 上海市 法律法规系统性							
征信服务行业成熟度							
征信数据库水平							
失信惩戒机制健全度							
诚信意识水平							
2014 年 上海市 法律法规系统性							
征信服务行业成熟度							
征信数据库水平							
失信惩戒机制健全度							
诚信意识水平							
2015 年 上海市 法律法规系统性							
征信服务行业成熟度							
征信数据库水平							
失信惩戒机制健全度							
诚信意识水平							

附表 2　　　　　　江苏省社会信用体系建设效果评估调研表

备选语言值　表现 评价属性		极差 s_0	非常差 s_1	差 s_2	一般 s_3	好 s_4	非常好 s_5	极好 s_6
2011 年 江苏省	法律法规系统性							
	征信服务行业成熟度							
	征信数据库水平							
	失信惩戒机制健全度							
	诚信意识水平							
2012 年 江苏省	法律法规系统性							
	征信服务行业成熟度							
	征信数据库水平							
	失信惩戒机制健全度							
	诚信意识水平							
2013 年 江苏省	法律法规系统性							
	征信服务行业成熟度							
	征信数据库水平							
	失信惩戒机制健全度							
	诚信意识水平							
2014 年 江苏省	法律法规系统性							
	征信服务行业成熟度							
	征信数据库水平							
	失信惩戒机制健全度							
	诚信意识水平							
2015 年 江苏省	法律法规系统性							
	征信服务行业成熟度							
	征信数据库水平							
	失信惩戒机制健全度							
	诚信意识水平							

附表 3　　　　　　　　浙江省社会信用体系建设效果评估调研表

评价属性	表现	极差 s_0	非常差 s_1	差 s_2	一般 s_3	好 s_4	非常好 s_5	极好 s_6
2011 年浙江省	法律法规系统性							
	征信服务行业成熟度							
	征信数据库水平							
	失信惩戒机制健全度							
	诚信意识水平							
2012 年浙江省	法律法规系统性							
	征信服务行业成熟度							
	征信数据库水平							
	失信惩戒机制健全度							
	诚信意识水平							
2013 年浙江省	法律法规系统性							
	征信服务行业成熟度							
	征信数据库水平							
	失信惩戒机制健全度							
	诚信意识水平							
2014 年浙江省	法律法规系统性							
	征信服务行业成熟度							
	征信数据库水平							
	失信惩戒机制健全度							
	诚信意识水平							
2015 年浙江省	法律法规系统性							
	征信服务行业成熟度							
	征信数据库水平							
	失信惩戒机制健全度							
	诚信意识水平							

备选语言值

第二部分　"十二五"期间长三角主要省市社会信用体系建设的整体效果调研

请您针对 2011—2015 年年间上海市、江苏省和浙江省在社会信用体系建设整体效果进行两两比较，选择合适的语言值并在对应的空格中打"√"。

附表 4　　长三角主要省市在社会信用体系建设整体效果对比调研表

评价属性	表现	极差 s_0	非常差 s_1	差 s_2	一般 s_3	好 s_4	非常好 s_5	极好 s_6
截止到 2011 年的整体效果	上海市 VS 江苏省							
	上海市 VS 浙江省							
	浙江省 VS 江苏省							
截止到 2012 年的整体效果	上海市 VS 江苏省							
	上海市 VS 浙江省							
	浙江省 VS 江苏省							
截止到 2013 年的整体效果	上海市 VS 江苏省							
	上海市 VS 浙江省							
	浙江省 VS 江苏省							
截止到 2014 年的整体效果	上海市 VS 江苏省							
	上海市 VS 浙江省							
	浙江省 VS 江苏省							
截止到 2015 年的整体效果	上海市 VS 江苏省							
	上海市 VS 浙江省							
	浙江省 VS 江苏省							